CodeZine BOOKS

デザインサンプルで学ぶ

CSSによる実践スタイリング入門

WINGS プロジェクト
宮本麻矢／著、山田祥寛／監修

SE
SHOEISHA

本書内容に関するお問い合わせについて

　このたびは翔泳社の書籍をお買い上げいただき、誠にありがとうございます。弊社では、読者の皆様からのお問い合わせに適切に対応させていただくため、以下のガイドラインへのご協力をお願い致しております。下記項目をお読みいただき、手順に従ってお問い合わせください。

●ご質問される前に

　弊社Webサイトの「正誤表」をご参照ください。これまでに判明した正誤や追加情報を掲載しています。

　　正誤表　http://www.shoeisha.co.jp/book/errata/

●ご質問方法

　弊社Webサイトの「刊行物Q&A」をご利用ください。

　　刊行物Q&A　http://www.shoeisha.co.jp/book/qa/

　インターネットをご利用でない場合は、FAXまたは郵便にて、下記"翔泳社 愛読者サービスセンター"までお問い合わせください。
　電話でのご質問は、お受けしておりません。

●回答について

　回答は、ご質問いただいた手段によってご返事申し上げます。ご質問の内容によっては、回答に数日ないしはそれ以上の期間を要する場合があります。

●ご質問に際してのご注意

　本書の対象を越えるもの、記述個所を特定されないもの、また読者固有の環境に起因するご質問等にはお答えできませんので、予めご了承ください。

●郵便物送付先およびFAX番号

　　送付先住所　〒160-0006　東京都新宿区舟町5
　　FAX番号　　03-5362-3818
　　宛先　　　　（株）翔泳社 愛読者サービスセンター

※本書に記載されたURL等は予告なく変更される場合があります。
※本書の出版にあたっては正確な記述につとめましたが、著者や出版社などのいずれも、本書の内容に対してなんらかの保証をするものではなく、内容やサンプルに基づくいかなる運用結果に関してもいっさいの責任を負いません。
※本書に掲載されているサンプルプログラムやスクリプト、および実行結果を記した画面イメージなどは、特定の設定に基づいた環境にて再現される一例です。

※本書に記載されている会社名、製品名はそれぞれ各社の商標および登録商標です。

目次

クレジット		2
第1章 見出し		**5**
1.1	はじめに	6
1.2	見出しのデフォルトスタイルをリセットする	6
1.3	borderプロパティを使った見出しのCSSデザイン	8
1.4	backgroundプロパティを使った見出しのCSSデザイン	10
1.5	擬似要素で見出しを立体的に表現をする	11
1.6	まとめ	18
第2章 リスト		**19**
2.1	リストのデフォルトスタイルをリセットする	20
2.2	リストマーカーのスタイリング	21
2.3	リストを横並びに配置する	24
2.4	まとめ	30
第3章 テーブル（セルのボーダーの表示形式による スタイリング）		**31**
3.1	ボーダーの表示形式	32
3.2	ボーダー幅1pxのシンプルなゼブラテーブル	37
3.3	グラデーションや角丸を使ったグラフィカルなテーブル	39
3.4	まとめ	43
第4章 テーブル（ハイライト表示／縦列のスタイリング）		**45**
4.1	テーブルの縦列をスタイリングする	46
4.2	行にカーソルを乗せるとハイライト表示するテーブル	49
4.3	行と列をハイライト表示するテーブル	51
4.4	まとめ	54
第5章 フォーム（検索ボックス）		**55**
5.1	フラットデザインの検索ボックス	56
5.2	立体感のある検索ボックス	59
5.3	フォーカス時に幅が広がる検索ボックス	62
5.4	まとめ	65
第6章 フォーム（ラジオボタン・チェックボックス・ セレクトフォーム）		**67**
6.1	ラジオボタンのスタイリング	68

6.2	チェックボックスのスタイリング	74
6.3	セレクトフォームのスタイリング	77
6.4	まとめ	79

第7章　フォーム（お問い合わせフォーム）　81

7.1	エアメール風デザインのお問い合わせフォーム	82
7.2	封筒のスタイリング	85
7.3	フォームパーツのスタイリング	88
7.4	まとめ	92

第8章　floatプロパティによるレイアウト　93

8.1	floatレイアウトのポイント 1	94
8.2	floatレイアウトのポイント 2	96
8.3	floatレイアウトサンプル：テキストの回り込み	99
8.4	floatレイアウトサンプル：横並びの配置	102
8.5	まとめ	105

第9章　テキスト（マルチカラム）　107

9.1	はじめに	108
9.2	マルチカラムによる段組みレイアウト	108
9.3	マルチカラムの間隔と区切り線	115
9.4	マルチカラムレイアウトサンプル	119
9.5	まとめ	125
9.6	参考資料	125

第 **1** 章

見出し

本書では、Webページをデザインする際、具体的にどのようにコーディングすれば良いのか分からない人のために、見出しやリスト、フォームなど、Webページを構成する部品のデザインサンプルを紹介し、CSSによるスタイリング方法を解説します。

第1章 見出し

1.1 はじめに

　本章では、border 関連プロパティや background 関連プロパティ、擬似要素を使って CSS で見出しをスタイリングする方法を紹介します。仕組みさえ分かってしまえば、意外と簡単に実装できてしまうので、ぜひ挑戦してみてください。

対象読者

- （X）HTML と CSS の基本を理解している方。
- デザインのコツを学びたい方。

必要な環境

本書で動作確認を行ったブラウザは次のとおりです。

- Windows 7 Internet Explorer 11
- Windows 7 Firefox 26
- Windows 7 Chrome 32

本書サンプルのダウンロード

本書のサンプルは、以下のページからダウンロードできます。
　http://www.wings.msn.to/index.php/-/A-03/978-4-7981-5081-9/

1.2 見出しのデフォルトスタイルをリセットする

　まずは、今回スタイリングの対象となる見出し要素（h1 〜 h6）のデフォルトスタイルを確認しておきましょう。図1.1のように、一般的なブラウザでは、h1 〜 h6 の見出し要素のテキストは、見出しレベルにより文字サイズが異なり（h1 が最も大きく、h6 が最も小さい）、太字で表示されます。また、上下にマージンが入ります。

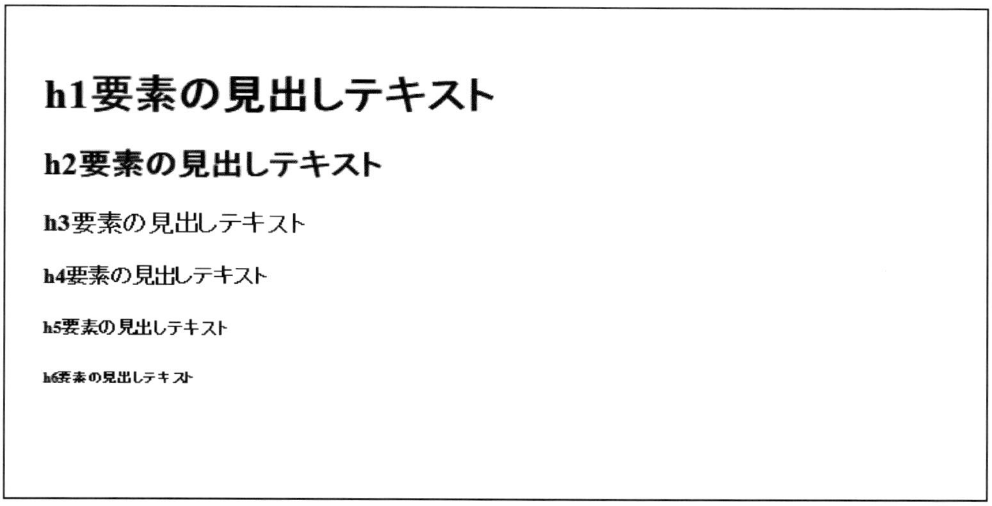

1.2　見出しのデフォルトスタイルをリセットする

● 図 1.1　見出しのデフォルトスタイル（default-style.html）

　今回のサンプルでは、h1 要素をスタイリングしていきますが、デフォルトスタイルが効いていると毎回同じような記述が増えてしまうため、最初に h1 のスタイルを統一します。ここでは、上マージを 0、下マージンを 30px、文字サイズを 130%、文字色を濃いグレー（#333333）、上下パディングを 5px、左右パディングを 10px に指定しました。

● h1 のデフォルトスタイルをリセットする（reset-style.html）

```
h1 {
  margin: 0 0 30px 0; /* 上マージン0、右マージン0、下マージン30px、左マージン0 */
  font-size: 130%; /* 文字サイズを130% */
  color: #333333; /* 文字色を#333333 */
  padding: 5px 10px; /* 上下パディング5ピクセル、左右パディング10px */
}
```

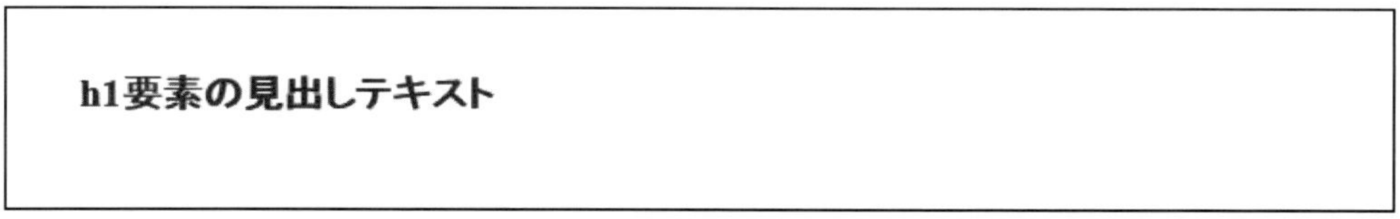

● 図 1.2　h1 のデフォルトスタイルをリセットする（sample01.html）

　さて、ここから、見出しレベルが分かるように、一般的なテキスト（p 要素などでマークアップされたもの）よりも目立たせるスタイリングをしていきましょう。

第1章 見出し

1.3 borderプロパティを使った見出しのCSSデザイン

　まずは、図1.3を見てください。これらは、見出しをborder関連プロパティとbackground-colorプロパティでスタイリングしたもので、上から下にいくにつれて装飾が増え、下にいくほど目立つデザインになっています。

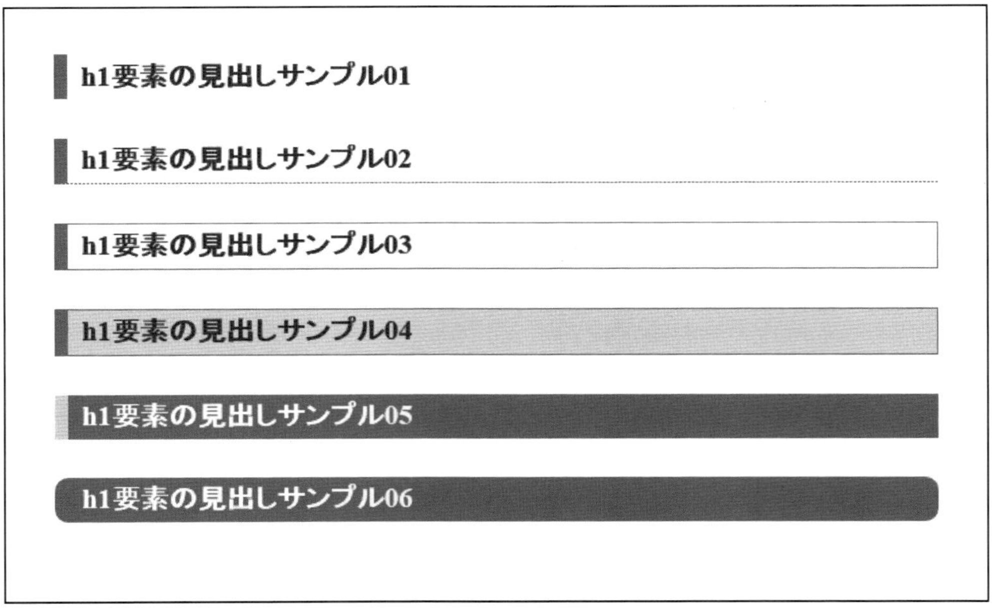

● 図1.3　border ／ background-color プロパティによる見出しのデザインサンプル（sample01.html）

左側にアイコン的な四角形を引く

　サンプル1には、左側にアイコン的な四角形がありますが、これは見出しでよく利用されているスタイリングの1つです。左側の四角形は、border-leftプロパティで、左ボーダーの線幅を太めに指定して実装しています。ここでは10ピクセル幅の鮮やかなピンク（#CC3366）の実線を引いてみました。

●サンプル1 ／ HTML（sample01.html）

```html
<h1 id="sample01">h1要素の見出しサンプル01</h1>
```

●サンプル1 ／ CSS（sample01.html）

```css
#sample01{
  border-left: 10px solid #cc3366; /* 左ボーダーを、10px幅の実線、線色#CC3366に */
}
```

8

図1.4のように、左ボーダーの四角形の高さは上下パディングで調整します。また左ボーダーとテキストの間隔は左パディングで調整します。この例では、先に指定したpadding: 5px 10pxが効いていて、上下パディング5px、左右パディング10pxになるよう調整しています。

● 図1.4 paddingプロパティでテキストとボーダーの間隔を調整する（sample01.html）

見出しに線を引く

続いてサンプル2、サンプル3のスタイリングを見てみましょう。見出しに下線を引くと、ページを視覚的に区切ることができます。特に、テキストの多いページにアクセントを付けたいときに有効なスタイルです。

サンプル2のスタイリングでは下ボーダーに破線（dashed）を、サンプル3では左ボーダー以外の3辺に実線（solid）を引いています。

●サンプル2、サンプル3／HTML（sample01.html）
```
<h1 id="sample02">h1要素の見出しサンプル02</h1>
<h1 id="sample03">h1要素の見出しサンプル03</h1>
```

●サンプル2、サンプル3／CSS（sample01.html）
```
#sample02{
  border-left: 10px solid #CC3366;
  border-bottom: 1px dashed #CC3366; /* 下ボーダーを、1px幅の破線、線色#CC3366に */
}
#sample03{
  border: 1px solid #CC3366; /* 4辺のボーダーを、1px幅の実線、線色#CC3366に */
  border-left: 10px solid #CC3366;
}
```

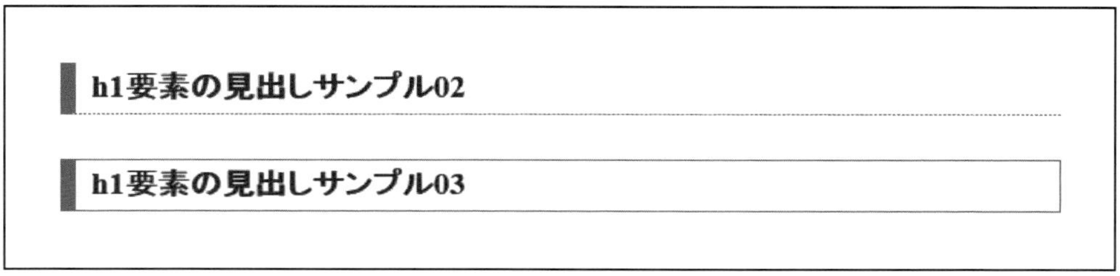

● 図1.5 サンプル2、サンプル3（sample01.html）

第1章 見出し

1.4 backgroundプロパティを使った見出しのCSSデザイン

見出しに背景色を付けても、ページを視覚的に区切ることができます。

見出しに背景色を敷く

サンプル4では、background-colorプロパティで、淡いピンク（#FFCCCC）の背景色を付けてみました。サンプル5では、背景色を濃くし、文字色を白にしています。背景に色を敷く場合には、文字色と背景色に明度差を付け、視認性を確保することが大切です。

●サンプル4、サンプル5／HTML (sample01.html)

```
<h1 id="sample04">h1要素の見出しサンプル04</h1>
<h1 id="sample05">h1要素の見出しサンプル05</h1>
```

●サンプル4、サンプル5／CSS (sample01.html)

```
#sample04{
  border: 1px solid #CC3366;
  border-left: 10px solid #CC3366;
  background-color: #FFCCCC; /* 背景色を#FFCCCC */
}
#sample05{
  border-left: 10px solid #FFCCCC;
  background-color: #CC3366; /* 背景色を#CC3366 */
  color: #FFFFFF; /* 文字色を#FFFFFF */
}
```

● 図1.6　サンプル4、サンプル5 (sample01.html)

見出しを角丸にする

サンプル6では、CSS3のborder-radiusプロパティを使って、コーナーを角丸にしています。border-radiusプロパティは、ボックスの4つの角を一括で丸くするプロパティです。画像を使わずに角丸表現が可能で、Internet Explorer 9からサポートされました。未対応ブラウザの場合は、角丸にはなりませんが、ボックスが表示されないわけではないので、最近よく使われるようになりました。

ここでは半径10pxの角丸を指定していますが、そのままだとテキストが左に寄り過ぎて見えるため、左パディングを20px指定しています。

10

●サンプル6／HTML (sample01.html)

```
<h1 id="sample06">h1要素の見出しサンプル06</h1>
```

●サンプル6／CSS (sample01.html)

```
#sample06{
  background-color: #CC3366;
  color: #FFFFFF;
  border-radius: 10px;  /* 4つのコーナーを半径10pxの角丸に */
  padding-left: 20px;   /* 左パディングを20px */
}
```

● 図 1.7　サンプル6 (sample01.html)

1.5　擬似要素で見出しを立体的に表現をする

　続いて、図1.8のような、CSSの「:before」や「:after」などの擬似要素を使った見出しの装飾方法を紹介します。

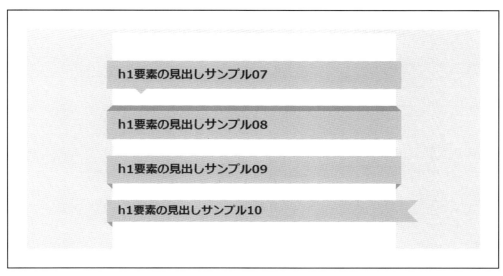

● 図 1.8　擬似要素による見出しのデザインサンプル (sample02.html)

borderプロパティで三角形や四角形を描く仕組み

まず、borderプロパティで三角形を描く仕組みを理解しておきましょう。図1.9では、border-topにred、border-rightにblue、border-bottomにgreen、border-leftにyellowを指定しています。border-widthは50pxなので、四角形全体では100pxの高さ、幅になっています。

図1.9の赤の部分を使って下向きの三角形を作りたいときは、border-top以外のborder-colorをtransparent（透明）に指定します。また、図1.9の緑の台形のように、ボーダーに幅を指定すると、台形を描くことができます。

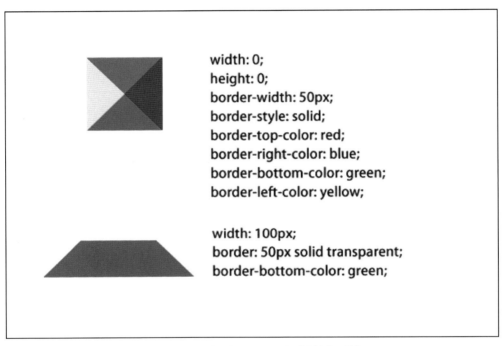

● 図1.9　borderプロパティで三角形や台形を作る仕組み

以降のサンプルで使用する共通のHTMLは次のとおりです。見出しがボックスからはみ出している形にしたいので、ID名wrapperのdiv要素で囲み、bodyの背景色に薄いグレー、#wrapperの背景色に白を指定しています。

●サンプル7～10／HTML (sample02.html)

```
<div id="wrapper">
<h1 id="sample07">h1要素の見出しサンプル07</h1>
<h1 id="sample08">h1要素の見出しサンプル08</h1>
<h1 id="sample09">h1要素の見出しサンプル09</h1>
<h1 id="sample10">h1要素の見出しサンプル10</h1>
</div>
```

●サンプル7～10／CSS (sample02.html)

```
body {
  background-color: #EEEEEE; /* 背景色を薄いグレー */
```

```
}
#wrapper {
  width: 500px;
  margin: 0 auto;
  padding: 50px 0;
  background-color: #FFFFFF; /* 背景色を白 */
}
```

吹き出しデザインの見出し

　ではさっそく、さきほどの仕組みを利用して、サンプル7のような吹き出しデザインの見出しを作ってみましょう。まず、左右のマージンに-10pxを指定して、#wrapperから、左右に10pxずつはみ出させます。

　次に:after擬似要素を使って、要素の直後に空の内容を挿入します。:after擬似要素で作ったこの空の内容に、10ピクセルのボーダーを付け、上ボーダーのみに背景色と同じ色を指定すると、吹き出し風の下向きの三角形ができます。

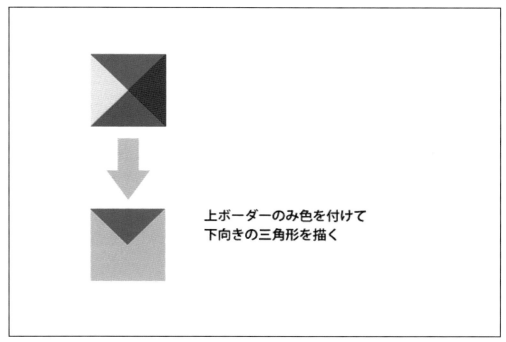

● 図1.10　上ボーダーのみ色を付けて下向きの三角形を描く

　後は、この三角形をpositionレイアウトで配置します。このとき、#sample07にposition: relativeを指定し、次に、さきほどの三角形にposition:absoluteを指定することで、#sampleを基準として絶対配置することができます。続いて、leftやbottomプロパティで位置調整をして完成です。

第 1 章　見出し

●サンプル 7 ／ CSS（sample02.html）

```css
#sample07 {
  margin: 0 -10px 40px -10px; /* 左右マージンに-10px */
  padding: 10px 20px;
  font-size: 130%;
  color: #333333;
  background-color: #FFCCCC;
  position: relative; /* 基準位置を指定 */
}
#sample07:after {
  content: ""; /* 空の内容を挿入 */
  position: absolute; /* 絶対位置へ配置 */
  left: 50px;
  bottom: -20px;
  height: 0;
  width: 0;
  border: 10px solid transparent;
  border-top-color: #FFCCCC; /* 上ボーダーのみ背景色と同じ色 */
}
```

● 図 1.11　サンプル 7（sample02.html）

箱型の見出し

　サンプル 8 のような箱型のデザインは、:before 擬似要素で、要素の直前に内容を作成し、幅を指定した上で、border-bottom のみに色を付けることで、台形を作っています。
　後は、さきほどと同じように position レイアウトで、絶対配置して完成です。

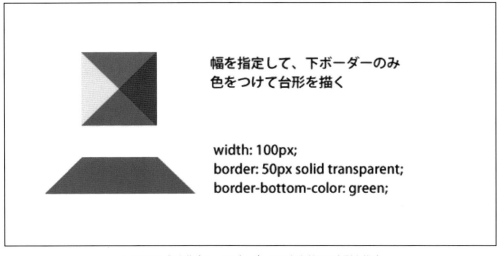

● 図 1.12　幅を指定し、下ボーダーのみ色を付けて台形を描く

1.5 擬似要素で見出しを立体的に表現をする

●サンプル8／CSS（sample02.html）

```
#sample08 {
  margin: 0 -10px 30px -10px;
  padding: 10px 20px;
  font-size: 130%;
  color: #333333;
  background-color: #FFCCCC;
  position: relative;
}
#sample08:before{
  content: "";
  position: absolute;
  top: -20px;
  left: 0;
  width: 500px; /* 幅を指定 */
  height: 0;
  border-width: 10px;
  border-style: solid;
  border-color: transparent;
  border-bottom-color: #FF9999; /* 下ボーダーのみ色を付ける */
}
```

h1要素の見出しサンプル08

● 図1.13 サンプル8（sample02.html）

折れリボン風見出し

　サンプル9のような折れリボン風の見出しは、左下の三角形を :before 擬似要素で、右下の三角形を :after 擬似要素で作って実装しています。左下の三角形は :before 擬似要素で作った空の要素に 5px 幅のボーダーを指定し、border-top と border-right のみ色を付けて直角三角形を作っています。

15

第 1 章　見出し

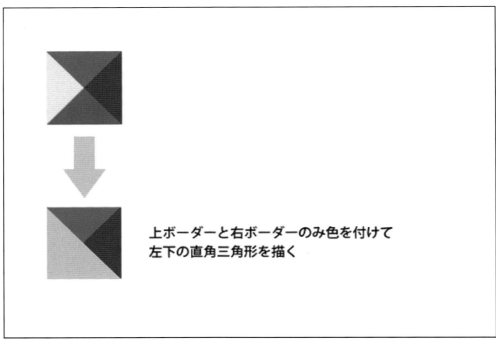

● 図 1.14　border-top と border-right のみ色を付けて左下の直角三角形を描く

　同様に右下の三角形は、:after 擬似要素で空の要素を作り、border-top と border-left のみ色を付けて直角三角形を作っています。後は、これまで同様 position レイアウトで微調整をするだけです。

●サンプル 9 ／ CSS（sample02.html）

```css
#sample09 {
  margin: 0 -10px 30px -10px;
  padding: 10px 20px;
  font-size: 130%;
  color: #333333;
  background-color: #FFCCCC;
  position: relative;
}
#sample09:before{
  content: "";
  position: absolute;
  left: 0;
  bottom: -10px;
  border-width: 5px;
  border-style: solid;
  border-color: transparent;
  border-top-color: #FF9999;
  border-right-color: #FF9999;
}
#sample09:after{
  content: "";
  position: absolute;
  right: 0;
  bottom: -10px;
  width: 0;
```

```
  height: 0;
  border-width: 5px;
  border-style: solid;
  border-color: transparent;
  border-top-color: #FF9999;
  border-left-color: #FF9999;
}
```

● 図1.15 サンプル9（sample02.html）

カットリボン

　サンプル10では、:after擬似要素で作った空の要素に、20px幅のボーダーを指定し、右ボーダーのみtransparent（透明）を指定して、リボンをカットしたような表現をしています。

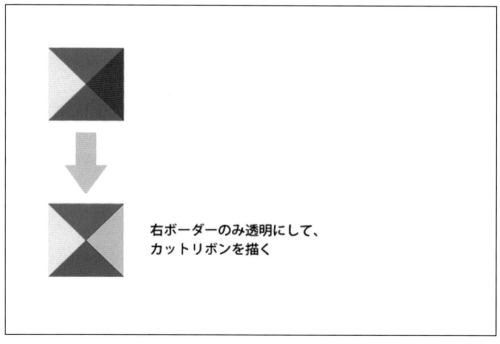

● 図1.16　border-rightのみ透明にしてカットリボンを描く

●サンプル10／CSS（sample02.html）

```
/* サンプル10：カットリボン風デザインの見出し */
#sample10 {
  margin: 0 0 30px -10px;
  padding: 10px 20px;
```

```
  color: #333333;
  background-color: #FFCCCC;
  position: relative;
  font-size: 20px; /* 文字サイズを20px */
  line-height: 1; /* 行間を1 */
}
〜中略〜
#sample10:after {
  content: "";
  position: absolute;
  top: 0;
  right: -40px;
  height: 0;
  width: 0;
  border: 20px solid #FFCCCC;
  border-right-color: transparent;
}
```

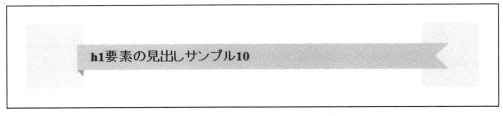

● 図1.17 サンプル10（sample02.html）

　以上、borderで三角形を描く仕組みが分かってしまえば、アイデア次第で立体的で面白い表現が可能になります。いろいろと試してみてください。

1.6 まとめ

　本章では、border関連プロパティやbackground関連プロパティ、擬似要素を使った、見出しのスタイリング方法を紹介しました。見出しだけではなく、いろいろなボックスに応用できるので、ぜひチャレンジしてみてください。

　次章では、リストでマークアップしたナビゲーションを、ボタン風にスタイリングしたり、横並びにスタイリングしたりする方法を紹介します。

第**2**章

リスト

本章では、CSS でリストをスタイリングする方法を紹介します。リストマーカーのスタイリングをはじめ、リストを横並びに配置する方法など、実務でよく使われるテクニックを中心に紹介します。

2.1 リストのデフォルトスタイルをリセットする

　まずは、本章でスタイリングの対象となるul要素のデフォルトスタイルを確認しておきましょう。ここではマージンの適用箇所が分かりやすいように、ul要素の背景色をred、li要素の背景色をyellowで指定しました。図2.1のように、一般的なブラウザでは、ul要素の上下にマージン、左にパディングが入り、li要素の先頭にはリストマーカーが表示されています。

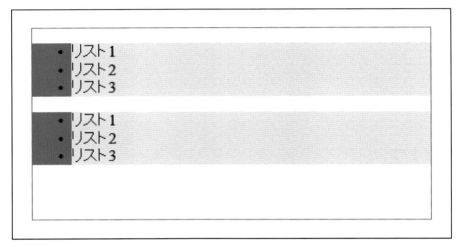

● 図2.1　リストのデフォルトスタイル（default.html）

　今回のサンプルでは、ul要素をスタイリングしていきますが、デフォルトスタイルが効いていると毎回同じような記述が増えてしまうため、最初にul要素とli要素のスタイルを統一します。ここでは、ul要素の余白をなくすため上下左右のマージンとパディングを0にし、li要素のリストマーカーを表示しないよう「list-style-type:none;」と指定しました。

●リスト2.1　リストのデフォルトスタイルをリセットする（reset-style.html）

```
ul {
  margin: 0; /* 上下左右のマージンを0 */
  padding: 0; /* 上下左右のパディングを0 */
}
li {
  list-style-type: none; /* リストマーカーを表示しない */
}
```

● 図2.2　リストのデフォルトスタイルをリセットする（reset-style.html）

さて、これで準備ができたので、これからリストをスタイリングしていきます。

2.2　リストマーカーのスタイリング

まずは、箇条書きリストまたは番号付きリストのマーカーをスタイリングしてみましょう。

list-style-type プロパティでマーカーの種類を設定する

リストに図2.3のようなシンプルなマーカーを使用したい場合、list-style-typeプロパティでマーカーの種類を設定できます。li要素だけでなく、ul要素またはol要素に対して一括で指定することも可能です。

第2章 リスト

```
● disc                    i. lower-roman
● disc                   ii. lower-roman
● disc                  iii. lower-roman

○ circle                  I. upper-roman
○ circle                 II. upper-roman
○ circle                III. upper-roman

■ square                  a. lower-alpha,lower-latin
■ square                  b. lower-alpha,lower-latin
■ square                  c. lower-alpha,lower-latin

1. decimal                A. upper-alpha,upper-latin
2. decimal                B. upper-alpha,upper-latin
3. decimal                C. upper-alpha,upper-latin

01. decimal-leading-zero
02. decimal-leading-zero
03. decimal-leading-zero
```

● 図2.3 list-style-type プロパティでマーカーの種類を指定する（sample01.html）

list-style-type プロパティの代表的な値には、表2.1 のようなものがあります。

●表2.1 list-style-type プロパティの代表的な値

値	説明
disc	黒丸（デフォルト）
circle	白丸
square	四角
decimal	算用数字
decimal-leading-zero	頭に0を付けた算用数字
lower-roman	ローマ数字の小文字
upper-roman	ローマ数字の大文字
lower-alpha または lower-latin	英文字の小文字
upper-alpha または upper-latin	英文字の大文字

list-style-image プロパティでマーカー画像を設定する

　サンプル02では、list-style-image プロパティでマーカー画像を指定しています。このときに注意が必要なのは、ul または ol 要素に左パディングがないと、マーカー画像が表示されないことです。ここでは、左パディングに 20px を指定しました。マーカー画像の幅は 9px ですが、9px の左パディングではマーカー画像が半分程度しか表示されません。残念ながら細かい位置調整はできないので、ブラウザで確認しながら適当な値を入れましょう。

22

2.2　リストマーカーのスタイリング

●リスト 2.2　サンプル 02 ／ HTML （sample02.html）

```html
<ul id="sample02">
  <li>リスト1</li>
  <li>リスト2</li>
  <li>リスト3</li>
</ul>
```

●リスト 2.3　サンプル 02 ／ CSS （sample02.html）

```css
ul#sample02 {
  padding-left: 20px; /* マーカー表示分の左パディング */
}
ul#sample02 li {
  list-style-image: url("check.png"); /* マーカー画像 */
}
```

● 図 2.4　サンプル 02 （sample02.html）

background プロパティでリストマーカーを表示する

　マーカー画像の表示位置をピクセル単位で細かく調整したい場合には、マーカー画像を背景画像として左側に一度だけ表示する方法がお勧めです。この方法であれば、マーカーの上下左右をpadding プロパティで指定することで、細かい位置調整が可能になります。

　例として、先ほどのサンプルのマーカー画像とテキストの間隔を詰めてみましょう。マーカー画像のサイズは幅 9px なので、padding-left を 9px で指定すると、マーカー画像とテキストの間隔がぴったり 0 になるはずです。

●リスト 2.4　サンプル 03 ／ HTML （sample03.html）

```html
<ul id="sample03">
  <li>リスト1</li>
  <li>リスト2</li>
  <li>リスト3</li>
</ul>
```

●リスト 2.5　サンプル 03 ／ CSS （sample03.html）

```css
ul#sample03 li {
  background: url("check.png") left center no-repeat; /* マーカー画像を背景画像と
して左側に一度だけ配置 */
  padding-left: 9px; /* マーカー画像の幅を指定 */
}
```

第2章 リスト

● 図 2.5 サンプル 03 (sample03.html)

2.3 リストを横並びに配置する

　ul 要素も li 要素もブロックレベルなので、デフォルトの状態では横並びにはなりません。ここからは、リストを横並びに配置する方法を紹介します。

display:inline でテキストをシンプルに横並びにする

　図 2.6 のように、リストのテキストをシンプルに横並びにしたい場合は、li 要素に display: inline を指定します。li 要素はブロックレベルですが、インライン表示にすることでリストを横並び表示にできます。

　このサンプルでは、li:after セレクタと content プロパティで、li 要素の直後に区切り文字「|」を表示しています。最後の li 要素に区切り文字は不要なので、CSS3 の要素:last-child セレクタを使って、最後の li 要素の直後には何も表示しないように指定しています。

　この横並びリストをウィンドウの右側に表示したい場合には、ul 要素に text-align: right を指定します。

● リスト 2.6　サンプル 04 ／ HTML (sample04.html)

```
<ul id="sample04">
<li><a href="#">ホーム</a></li>
<li><a href="#">プライバシーポリシー</a></li>
<li><a href="#">お問い合わせ</a></li>
</ul>
```

● リスト 2.7　サンプル 04 ／ CSS (sample04.html)

```
ul#sample04 {
  text-align: right; /* ウィンドウの右側に配置 */
}
ul#sample04 li {
  display: inline; /* リストをインライン表示にして横並びにする */
}
ul#sample04 li:after {
  content: "|"; /* 区切り文字を入れる */
}
ul#sample04 li:last-child:after {
  content: none; /* 最後は区切り文字を入れない */
}
```

24

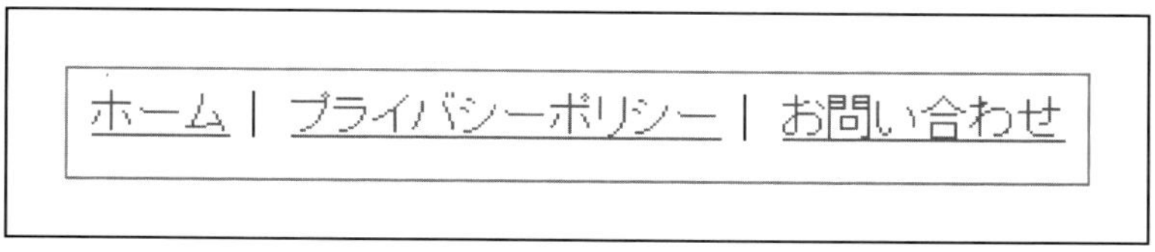

● 図2.6　サンプル04（sample04.html）

float:left で画像を横並びにする

　先ほどの display:inline でリストを横並びにする方法は、シンプルにテキストを横並びにしたい場合には便利ですが、画像のような固定幅を持った要素を横並びにしたいときには適していません。

　こうした場合には、float プロパティを使ったレイアウトがお勧めです。float プロパティは、要素を左または右側に配置し、後続の要素をその反対側に回り込ませるプロパティです。float レイアウトのポイントは、以下の2つです。

- 配置する要素や回り込ませる要素の幅を指定すること
- 最後に clear プロパティで回り込み解除を行うこと

　サンプルの HTML コードは次のとおりです。リストには画像を使用しました。また、後続の要素で回り込みを解除するため、ここでは h1 要素を置いています。

● リスト2.8　サンプル05 ／ HTML（sample05.html）

```
<ul id="sample05">
<li><a href="#"><img src="menu.png" alt="menu"></a></li>
<li><a href="#"><img src="menu.png" alt="menu"></a></li>
<li><a href="#"><img src="menu.png" alt="menu"></a></li>
<li><a href="#"><img src="menu.png" alt="menu"></a></li>
<li><a href="#"><img src="menu.png" alt="menu"></a></li>
</ul>
<h1>title</h1>
```

第2章 リスト

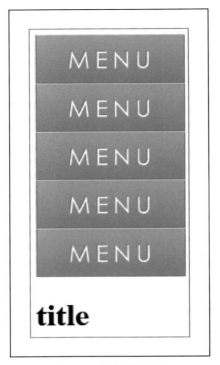

● 図2.7 ブラウザ表示結果

このとき、先ほどのdisplay:inlineを使って横並びにすると、図2.8のように画像と画像の間に隙間ができてしまいます。これは、ソースコード上の改行や半角スペースなどの空白文字が原因です。改行やインデントを付けずにコードを記述すれば、この空白はなくなります。

● 図2.8 display:inlineで横並びにすると、画像間に隙間ができる

しかし、floatプロパティでレイアウトすれば、ソースコードの空白文字はレイアウトに影響しません。ここでは画像なので幅の指定は不要ですが、テキスト等の場合はwidthプロパティで幅を指定した上で、float:leftを指定します。

● リスト2.9 サンプル05：clearfix／CSS（sample05.html）

```
ul#sample05 {
  width: 750px;
  margin: 0 auto 20px auto;
}
ul#sample05 li {
  width: 150px; /* 幅150px */
  float: left; /* 左に配置 */
}
```

26

回り込みを解除していないため、図2.9のように、後続のh1要素が回り込んでしまっています。

● 図2.9　float:leftでリストを横並びに配置（sample05.html）

回り込みを解除するには、回り込ませた要素と同じ階層の兄弟要素にclear:leftを指定します。しかし、ここではli要素を回り込ませているため、後続の兄弟要素がありません。そこで、clearfixというテクニックを使って、回り込みを解除します。簡単に言うと、:after擬似要素で空の内容を作り、そこにclearプロパティをかけるという仕組みです。ソースは次のようになります。ここでは汎用的に使えるクラスにするため、「clear:both」としていますが、サンプルではfloat:leftしかかけていないので、clear:leftでも機能します。

● リスト2.10　サンプル05／CSS（sample05.html）

```
/* clearfix */
.clearfix:after {
  content: "";
  display: block;
  clear: both;
}
```

このclearfixクラスは、親要素（ul要素）に指定します。

● リスト2.11　サンプル05／CSS（sample05.html）

```
<ul id="sample05" class="clearfix">
<li><a href="#"><img src="menu.png" alt="menu"></a></li>
〜中略〜
</ul>
```

これで回り込みが解除され、後続のh1要素も本来意図した場所に配置されます。

● 図2.10　clearfixで回り込み解除（sample05.html）

リストのテキストをボタンのようにスタイリングする

先ほどは画像を横並びにしましたが、今度は、テキストをボタンのようにスタイリングしてみましょう。

サンプルのHTMLコードは次のようになります。

●リスト2.12　サンプル06／HTML (sample06.html)

```
<ul id="sample06">
<li><a href="#">リスト1</a></li>
<li><a href="#">リスト2</a></li>
<li><a href="#">リスト3</a></li>
<li><a href="#">リスト4</a></li>
<li><a href="#">リスト5</a></li>
</ul>
```

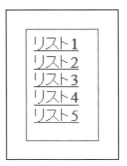

●図2.11　ブラウザ表示結果

リスト項目は5個あるので、ul要素を600pxの幅とした場合、5等分するとli要素の幅は120pxになります。width:120pxと指定した上で、float:leftを指定します。さらにテキストを中央揃えにするためにtext-align: centerを指定します。

●リスト2.13　サンプル06／CSS (sample06.html)

```
ul#sample06 {
  width: 600px; /* 幅600px */
  margin: 0 auto 20px auto;
}
ul#sample06 li {
  width: 120px; /* 幅120px */
  float: left; /* 左に配置 */
  text-align: center; /* テキストを中央揃え */
}
```

●図2.12　float:leftでリストのテキストを横並びに配置 (sample06.html)

図2.13は、分かりやすくするために、li要素にグレーの背景色を付け、a要素にredのボーダーを指定したものです。120px幅のボタンになるようにスタイリングしたいのですが、グレーの領域にマウスカーソルを持っていっても反応しません。

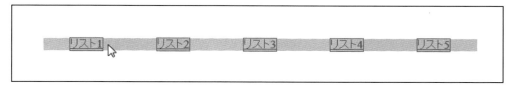

● 図2.13　グレーの領域がクリックできない（sample06.html）

a要素はインライン要素のため、これをdisplay: blockとしてブロックレベル表示にすることで、クリッカブル領域が親要素（li要素）の幅120pxまで広がります。

● リスト2.14　サンプル06／CSS (sample06.html)

```
ul#sample06 li a {
  border: 1px solid red;
  display: block;
}
```

● 図2.14　display:blockでa要素の幅を120pxにする（sample06.html）

ここまでできたら、a要素をボタンに見えるようにスタイリングします。クリックできる領域であることを表現するには、グラデーションやボーダーで立体的に装飾すると良いでしょう。

図2.15のように、ボタンの上と左ボーダーを背景より明るく、右と下ボーダーを背景より暗くすると凸を表現することができます。押したときの表現はその逆で、左と上ボーダーを暗く、右と下ボーダーを明るくします。

● リスト2.15　サンプル06／CSS (sample06.html)

```
ul#sample06 li a {
  display: block; /* ブロックレベル表示 */
  padding: 10px 0;
  background-color: #3399cc;
  color: #fff;
  border-top: 1px solid #99ccff;
  border-left: 1px solid #99ccff;
  border-right: 1px solid #006699;
  border-bottom: 1px solid #006699;
  text-decoration: none;
  font-weight: bold;
}
ul#sample06 li a:hover, ul#sample06 li a:active { /* ホバー時,アクティブ時 */
  background-color: #336699;
```

第2章　リスト

```
    border-top: 1px solid #006699;
    border-left: 1px solid #006699;
    border-right: 1px solid #99ccff;
    border-bottom: 1px solid #99ccff;
}
```

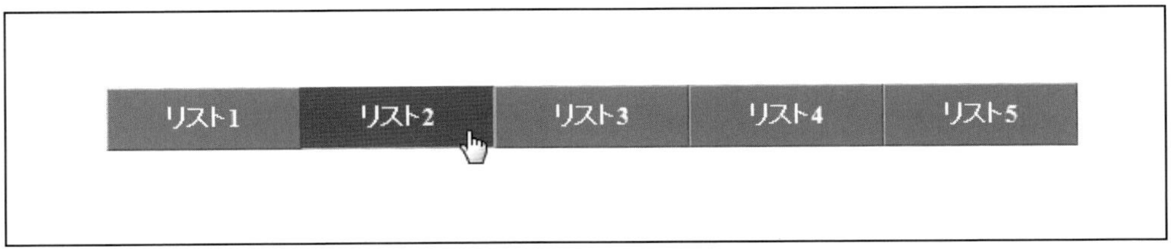

● 図2.15　a要素の装飾（sample06.html）

2.4　まとめ

　本章では、リストのスタイリングでよく使われるテクニックを紹介しました。同じリスト要素でもボタン風にしたり、マーカーを付けたりと多様な表現ができることをお分かりいただけたと思います。

　次章では、CSSを使ったテーブルのスタイリング方法をご紹介します。

第**3**章

テーブル（セルの
ボーダーの表示形式による
スタイリング）

本章では、テーブルを CSS でスタイリングする方法を紹介します。
テーブルをスタイリングする際は、行や列のグループ化、キャプションなどテーブル特有のマークアップや、テーブルセルのボーダーの表示形式、セル間隔を指定するプロパティなどについても理解しておく必要があります。実務で陥りやすいポイントも踏まえて説明します。

3.1 ボーダーの表示形式

まずは、テーブルをスタイリングする際にポイントとなる、ボーダーの表示形式を確認しておきましょう。図3.1のように、テーブルセルのボーダーの表示形式には、セルとセルの間をあけて表示する「separate」と、ボーダーを重ねて表示する「collapse」があります。これはborder-collapseプロパティで指定することができ、デフォルト値はseparateとなっています。

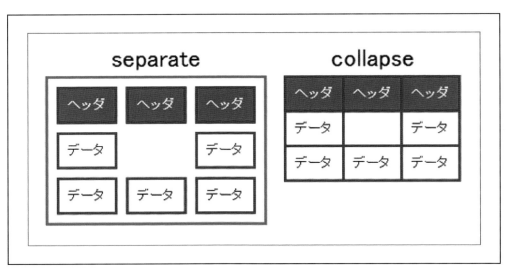

● 図3.1 セルのボーダーの表示形式（border.html）

●リスト3.1 セルのボーダーの表示形式／CSS（border.html）

```
table {
  border: 3px solid red;
}
th {
  background-color: #666;
  color: #fff;
}
th, td {
  border: 3px solid blue;
  padding: 10px;
}
table#separate {
  border-collapse: separate; /* 隣接するセルのボーダーを間隔をあけて表示 */
  border-spacing: 10px; /* 隣接するセルのボーダーの間隔を指定 */
  empty-cells: hide; /* 空セルのボーダーを非表示に */
}
table#collapse {
  border-collapse: collapse; /* 隣接するセルのボーダーを重ねて表示 */
}
```

「border-collapse:separate;」

border-collapseプロパティの値がseparateのときのみ、border-spacingプロパティでボーダーとボーダーの間隔を指定したり、empty-cellsプロパティで空セルのボーダーの表示・非表示を指

定したりすることができます。値がseparateではない場合、これらのプロパティは無効になるので注意しましょう。

次の例では、2つのテーブルにそれぞれ「border-spacing:10px;」と「border-spacing:0;」を指定し、ボーダー間隔を調整しています。

●リスト3.2　border-spacingでボーダー間隔を指定／CSS（separate.html）

```
table {
  border-collapse:separate;
}
table#separate1 {
  border-spacing: 10px; /* ボーダーの間隔を10px */
}
table#separate2 {
  border-spacing: 0; /* ボーダーの間隔を0 */
}
```

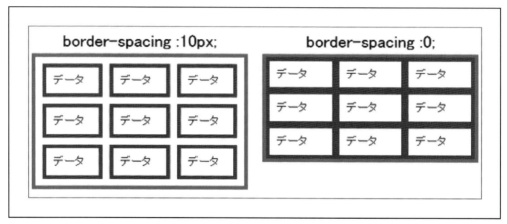

● 図3.2　border-spacingでボーダー間隔を指定（separate.html）

「border-collapse:collapse;」

「collapse」のときは、テーブル全体のボーダーや各セルのボーダーを重ねて表示します。しかし、ボーダーが重なった場合に表示される優先順位は、border-styleプロパティの値がhiddenに設定されているボーダーがあればそれが最優先となり、次に、ボーダー幅が太い順に優先されます。

次の例では、テーブル全体のボーダー幅を10px、各セルのボーダー幅を5pxで指定し、最後のセルに「border-style:hidden;」を指定しました。重なっている部分に注目すると、まず、hiddenが指定された最後のセルのスタイルが優先され、次に幅10pxのテーブルのボーダー、最後にボーダー幅5pxの各セルの順に表示されていることが分かります。

●リスト3.3　ボーダー表示の優先順位／CSS（collapse01.html）

```
table{
  border-collapse: collapse;
  border: 10px solid red; /* ボーダー幅10px */
}
```

第3章 テーブル（セルのボーダーの表示形式によるスタイリン

```
td {
  border: 5px solid blue; /* ボーダー幅5px */
}
#hidden {
  border-style: hidden; /* ボーダーを表示しない */
}
```

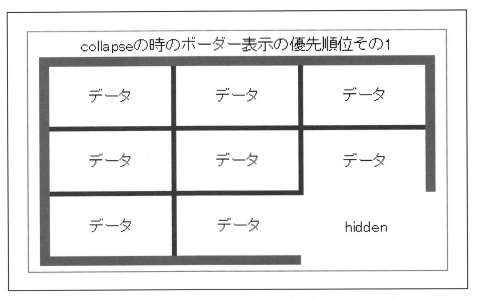

● 図3.3 ボーダー表示の優先順位（hidden／ボーダー幅）（collapse01.html）

　ボーダーの幅が同じ場合には、種類が「double、solid、dashed、dotted、ridge、outset、groove、inset」の順に優先されます。次の例では、上のセルから優先順に border-style プロパティの値を設定しました。セルの下ボーダーと、その下のセルの上ボーダーが重なっていますが、上のセルのボーダースタイルが優先されていることが分かります（分かりやすいように、隣に separate のテーブルを配置しています）。

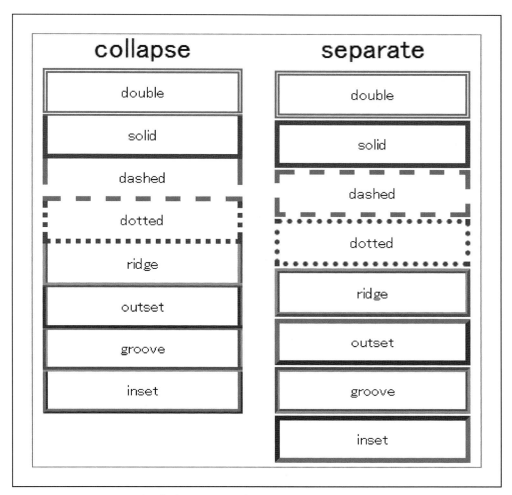

● 図3.4　ボーダー表示の優先順位（border-styleの種類順。collapse02.html）

色だけが異なっている場合には、「セル（td/th）、横列（tr）、横列グループ（thead/tbody/tfoot）、縦列（col）、縦列グループ（colgroup）、テーブル（table）」の順に優先されて表示されます。

次の例では、セル（td）にblue、横列（tr）にyellow、横列グループ（tbody）にred、縦列（col）にorange、縦列グループ（colgroup）にgreen、テーブル（table）にblackのボーダーを指定しました。縦列グループや縦列のcolgroupやcol要素については次章で詳しく説明しますが、ここでは、1列、1列、2列、1列のグループに分けていて、2列目に縦列、3列目と4列目に縦列グループのスタイルを適用しています。

● リスト3.4　ボーダー表示の優先順位/HTML（collapse03.html）

```
<table>
  <caption>ボーダー表示の優先順位その3</caption>
  <colgroup span="1"></colgroup>
  <colgroup>
    <col class="col" />
  </colgroup>
```

第3章　テーブル（セルのボーダーの表示形式によるスタイリン

```
  <colgroup span="2" class="colgroup">
  </colgroup>
  <colgroup span="1"></colgroup>
<tbody>
  <tr>
    <td>データ</td>
    <td>データ</td>
    <td>データ</td>
    <td>データ</td>
    <td>データ</td>
  </tr>
  <tr class="tr">
    <td>データ</td>
    <td>データ</td>
    <td class="td">データ</td>
    <td>データ</td>
    <td>データ</td>
  </tr>
  <tr>
    <td>データ</td>
    <td>データ</td>
    <td>データ</td>
    <td>データ</td>
    <td>データ</td>
  </tr>
</tbody>
</table>
```

●リスト3.5　ボーダー表示の優先順位／CSS（collapse03.html）

```
table {
  border-collapse: collapse;
  border: 10px solid black;
}
td.td {  /* セル */
  border: 10px solid blue;
  background: rgba(0,0,255,0.5);
}
tr.tr {  /* 横列 */
  border: 10px solid yellow;
  background: rgba(255,255,0,0.5);
}
tbody {  /* 横列グループ */
  border: 10px solid red;
}
col.col {  /* 縦列 */
  border: 10px solid orange;
  background: rgba(255,165,0,0.5);
}
colgroup.colgroup {  /* 縦列グループ */
  border: 10px solid green;
  background: rgba(0,128,0,0.5);
}
```

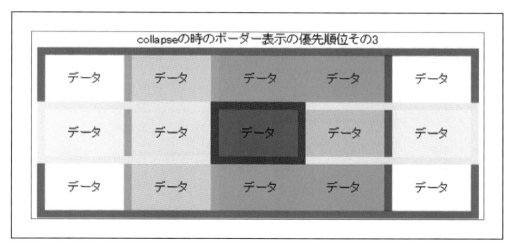

● 図3.5　ボーダー表示の優先順位

3.2　ボーダー幅1pxのシンプルなゼブラテーブル

　前の段落を踏まえた上で、図3.6のような、セルに1px幅のボーダーを引いたシンプルなテーブルを作ってみましょう。

\\	ジャケットのサイズ表				
サイズ	バスト	肩幅	袖丈	着丈
7AR	89cm	37.5cm	57.5cm	62cm
9AR	92cm	38cm	58cm	63cm
11AR	95cm	38.5cm	58cm	63cm
13AR	99cm	39.5cm	58.5cm	64cm
15AR	103cm	40cm	58.5cm	64cm
17AR	107cm	40.5cm	59cm	64.5cm

● 図3.6　ボーダー幅1pxのシンプルなテーブル（sample01.html）

テーブルのマークアップ

　HTMLソースに大きな特徴はありません。caption要素でキャプションを付け、thead要素で表ヘッダ、tbody要素で表本体をマークアップしています。

第3章　テーブル（セルのボーダーの表示形式によるスタイリン

●リスト3.6　サンプル01／HTML（sample01.html）

```
<table>
  <caption>ジャケットのサイズ表</caption>
  <thead>
    <tr>
      <th>サイズ</th><th>バスト</th><th>肩幅</th><th>袖丈</th><th>着丈</th>
    </tr>
  </thead>
  <tbody>
    <tr>
      <td>7AR</td><td>89cm</td><td>37.5cm</td><td>57.5cm</td><td>62cm</td>
    </tr>
～中略～
  </tbody>
</table>
```

border-collapse プロパティの値に「collapse」を指定

　テーブルセルの表示形式をデフォルトの separate のまま、td のボーダー幅を 1px にして、この
スタイリングをしようとすると、隣り合うボーダーの幅が足されてしまうため、2px になってし
まいます。

ジャケットのサイズ表				
サイズ	バスト	肩幅	袖丈	着丈
7AR	89cm	37.5cm	57.5cm	62cm
9AR	92cm	38cm	58cm	63cm
11AR	95cm	38.5cm	58cm	63cm
13AR	99cm	39.5cm	58.5cm	64cm
15AR	103cm	40cm	58.5cm	64cm
17AR	107cm	40.5cm	59cm	64.5cm

● 図 3.7　「border-collapse:separate;」のとき（sample01a.html）

　そのため、例えば『上と右のボーダー幅を 1px としたときは、下と左ボーダーの幅を 0 にす
る』といった具合に、隣り合うボーダーの一方のボーダー幅を 0 にする必要があり、やや冗長な
コードになってしまいます。

　サンプルのように、テーブルセルに 1px 幅のボーダーを引きたい場合は、まず border-collapse
プロパティの値に「collapse」を指定しましょう。これで隣合うボーダーを意識せず、簡単にスタ
イリングすることができます。

●リスト 3.7　サンプル 01 ／ CSS (sample01.html)

```
table{
  border-collapse: collapse; /* ボーダーを重ねて表示 */
}
table, th, td {
  border: 1px solid #ccc;
}
```

見出しセルはデータセルと表現を変える

　見出しセルは、データセルと見た目を変えてあげる方が親切です。サンプルのようにセルに背景色を付ける場合は、文字色とのコントラストを十分に付けて、視認性を確保できるようにしましょう。

●リスト 3.8　サンプル 01 ／ CSS (sample01.html)

```
th {
  background-color: #666;
  color: #fff;
}
```

1 行ごとに背景色を変える

　1 行ごとに背景色を変えたゼブラテーブルは、CSS3 のセレクタ「E:nth-child(n)」を使えば簡単に実装できます。擬似クラスの一種で、n 番目の子となる E 要素にスタイルを適用します。n には、整数、奇数を表す odd、偶数を表す even、数式を指定できます。数式で奇数を指定する場合には 2n + 1、数式で偶数を指定する場合には 2n + 0 です。n は固定で 0 以上の整数を表し、「2n + 1」の場合は、2 × 0 + 1 ＝ 1 番目、2 × 1 + 1 ＝ 3 番目、2 × 2 + 1 ＝ 5 番目、という具合になります。

　サンプルでは、偶数行に薄いグレーの背景色を付けました。

●リスト 3.9　サンプル 01 ／ CSS (sample01.html)

```
tbody tr:nth-child(even){ /* 偶数行 */
  background-color: #eee;
}
```

3.3　グラデーションや角丸を使ったグラフィカルなテーブル

　次に、図 3.8 のようなグラデーションや角丸を使ったグラフィカルなテーブルを、CSS でスタイリングしてみましょう。HTML は先ほどと同じものを使います。

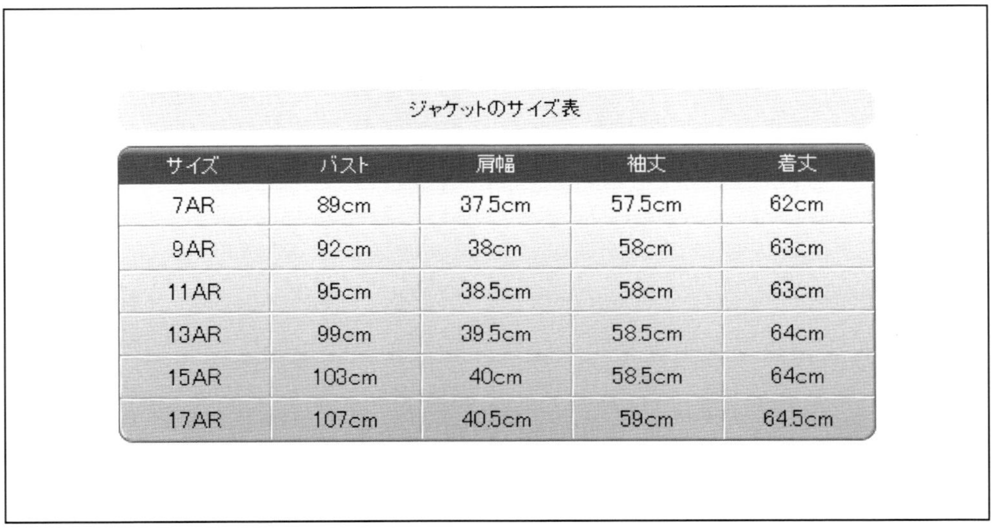

ジャケットのサイズ表

サイズ	バスト	肩幅	袖丈	着丈
7AR	89cm	37.5cm	57.5cm	62cm
9AR	92cm	38cm	58cm	63cm
11AR	95cm	38.5cm	58cm	63cm
13AR	99cm	39.5cm	58.5cm	64cm
15AR	103cm	40cm	58.5cm	64cm
17AR	107cm	40.5cm	59cm	64.5cm

●図3.8　グラデーションや角丸を使ったグラフィカルなテーブル（sample02.html）

グラデーションを付け、角丸にする

キャプションやテーブルはCSS3のborder-radiusプロパティで角丸にしていますが、テーブルでborder-radiusプロパティを使う際は、border-collapseプロパティの値がseparateである必要があります。値がcollapseのときは、border-radiusが効かないので注意しましょう。

しかしseparateを指定すると、セルとセルのボーダー間に隙間ができてしまいます。このサンプルでは、ボーダーを使ってセルを立体的に表現していますが、ボーダーの間隔があいていると立体感を表現できないので、「border-spacing:0;」を指定します。

テーブルの背景は、CSS3のlinear-gradient()関数を使って、白（#fff）からグレー（#ccc）のグラデーションを指定しています。

linear-gradient()関数の書式は、「linear-gradient(グラデーションの向き, 色指定, 色指定, [, 色指定...])」となっていますが、ブラウザの先行実装があり、これまでにも書き方が何度か変更になっています。現在もまだ確定ではないのでご注意ください。グラデーションの向きは、角度や開始位置、開始角度などが指定でき、色指定は任意の数指定可能ですが、最低限、開始色と終了色は指定する必要があります。サンプルでは、最も単純な線形グラデーションの指定を使って、開始色と終了色のみ指定しています。

同様に、見出しにも薄グレー（#ccc）から濃グレー（#666）のグラデーションを指定していますが、濃グレーになる位置を20%で指定することで、立体感が出るようにしています。デフォルトではグラデーションは均等に行われますが、色指定の後に長さを指定すると、開始位置からの距離がその長さの地点で、ちょうどその色になるようにグラデーションが調整されます。

●リスト3.10　サンプル02／CSS（sample02.html）

```
table {
  border-collapse: separate; /* 角丸を使うときはseparate */
  border-spacing: 0; /* ボーダーとボーダーの間隔は0 */
  background-color: #eee; /* 背景色を指定 */
  background-image: linear-gradient(#fff, #ccc); /* 白からグレーのグラデーション
```

```
*/
  border:1px solid #666;
  border-radius: 10px; /* 角丸 */
}
caption {
  border:1px solid #eee;
  border-radius: 10px; /* 角丸 */
  background-color: #eee;
  font-size: 80%;
  margin-bottom: 10px;
  padding: 5px;
}
th {
  background-color: #666;
  color: #fff;
  font-size: 80%;
  background-image: linear-gradient(#ccc, #666 20%); /*薄グレーから濃グレーのグラ
デーション */
  padding: 6px 0 4px 0;
  font-weight: normal;
  width: 100px;
}
```

ボーダーでセルに立体感を出す

　各セルの左ボーダーと上ボーダーは背景より明るい色、右ボーダーと下ボーダーには背景より暗い色を指定することで、立体感を出しています。

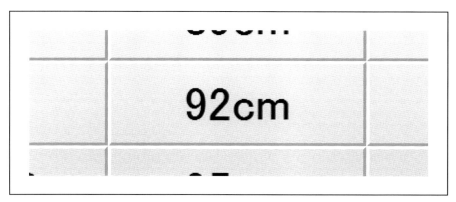

● 図3.9　セルを拡大したところ

　これは、「border-collapse:separate;」でボーダーが重ならないことを活用したスタイリングです。

● リスト3.11　サンプル02 ／ CSS（sample02.html）

```
td {
  padding: 4px 10px;
  text-align: center;
  border-top: 1px solid #fff; /* 上ボーダー明るく */
  border-right: 1px solid #bbb; /* 右ボーダー暗く */
  border-bottom: 1px solid #bbb; /* 下ボーダー暗く */
```

第3章　テーブル（セルのボーダーの表示形式によるスタイリン

```
  border-left: 1px solid #fff;  /* 左ボーダー明るく */
}
```

角丸を仕上げる

セルに背景色やボーダーを指定しましたが、このままでは図3.10のように、四隅に角が表示されてしまいます。

サイズ	バスト	肩幅	袖丈	着丈
7AR	89cm	37.5cm	57.5cm	62cm
9AR	92cm	38cm	58cm	63cm
11AR	95cm	38.5cm	58cm	63cm
13AR	99cm	39.5cm	58.5cm	64cm
15AR	103cm	40cm	58.5cm	64cm
17AR	107cm	40.5cm	59cm	64.5cm

● 図3.10　テーブルを拡大したところ

そこで、四隅のセルに対しても角丸を指定しましょう。ここでは、セレクタに E:first-child と E:last-child を使っています。それぞれ、子として最初の E 要素、子として最後の E 要素にスタイルを適用する際に使用します。例えば、左上の角は最初の列の最初の th なので、セレクタは「tr:first-child th:first-child」です。

●リスト3.12　サンプル02／CSS (sample02.html)

```
tr:first-child th:first-child { /* 最初のtrが親の最初のth */
  border-radius: 10px 0 0 0; /* 左上半径10px */
}
tr:first-child th:last-child { /* 最初のtrが親の最後のth */
  border-radius: 0 10px 0 0; /* 右上半径10px */
}
tr:last-child td:first-child { /* 最後のtrが親の最初のtd */
  border-radius: 0 0 0 10px; /* 左下半径10px */
}
tr:last-child td:last-child {  /* 最後のtrが親の最後のtd */
  border-radius: 0 0 10px 0; /* 右下半径10px */
}
```

3.4 まとめ

　本章では、テーブルをスタイリングする際に覚えておくと良いポイントを紹介しました。border-collapse プロパティの値が collapse の場合と separate の場合で、スタイリングの方法が変わってくることがお分かりいただけたと思います。

　次章も、引き続きテーブルのスタイリングを紹介します。本章では紹介できなかった colgroup や、col 要素を使った縦列のスタイリング、jQuery を使ったサンプルを紹介します。

第**4**章

テーブル（ハイライト表示／縦列のスタイリング）

本章では、前章に引き続き、テーブルをCSSでスタイリングする方法を紹介します。

縦列に対してスタイルを適用するための方法や、行や列のハイライト表示、データセルのソートなど、jQueryを使ったデザインサンプルを紹介します。

第4章 テーブル（ハイライト表示／縦列のスタイリン

4.1 テーブルの縦列をスタイリングする

HTML上では、セル（th/td）は列ではなく、横行（tr）の子孫要素になっています。そのため、スタイリングの対象として横列を操作するのは比較的簡単ですが、縦列を操作する場合には、ちょっとした知識が必要になります。

テーブルの縦列をマークアップする

テーブルの縦列を構造的な意味でグループ化したい場合には、colgroup要素を使います。何列分の縦列をグループ化するかは、span属性で指定するか、colgroup要素内にcol要素（後述）を配置して指定します。span属性がない場合は1が指定されている状態です。colgroup要素内にcol要素を配置した場合は、colgroup要素のspan属性は無視されます。

col要素は、縦列に対して属性やスタイルシートを設定するための空要素です。colgroup要素と異なり、縦列を構造的な意味でグループ化する要素ではありません。colgroup同様、何列分を対象とするかはspan属性で指定し、span属性がない場合は1が指定されている状態になります。

colgroupやcol要素は、table要素内のcaption要素の後、thead要素の前に配置します。

例えば、図4.1のように、5列の表をcolgroup要素のspan属性で、1列、2列、2列の3つのグループにしたい場合は、次のようになります。

縦列のグループ化(colgroup)				
グループA	グループB		グループC	
データ	データ	データ	データ	データ
データ	データ	データ	データ	データ
データ	データ	データ	データ	データ

● 図4.1 5列の表を1列、2列、2列にグループ化 (colgroup01.html)

●リスト4.1 5列の表を1列、2列、2列にグループ化 (colgroup要素のみ) ／ HTML (colgroup01.html)

```
<table>
<caption>グループ化</caption>
<colgroup span="1" id="groupA"></colgroup>
<colgroup span="2" id="groupB"></colgroup>
<colgroup span="2" id="groupC"></colgroup>
<thead>
  <tr>
    <th>グループA</th><th colspan="2">グループB</th><th colspan="2">グループ
C</th>
  </tr>
</thead>
<tbody>
```

4.1 テーブルの縦列をスタイリングする

```
    〜中略〜
</tbody>
</table>
```

あるいは、次のように col 要素を使ってマークアップすることもできます。1列目の groupA は span 属性を省略しています。groupB は colgroup 内の col 要素の span 属性で2列目と3列目をまとめています。groupC には、col 要素を2つ配置して4列目と5列目をまとめています。

●リスト 4.2　5列の表を1列、2列、2列にグループ化（colgroup 要素と col 要素を使用）／ HTML（colgroup02.html）

```
<colgroup id="groupA"></colgroup>
<colgroup id="groupB"><col span="2" /></colgroup>
<colgroup id="groupC"><col /><col /></colgroup>
```

このように colgroup や col 要素を使えば、これらをセレクタとして、縦列を対象にスタイルを適用できるようになります。

●リスト 4.3　縦列（colgroup）にスタイルを適用／ CSS（colgroup02.html）

```
colgroup#groupA {
  background: #fcc;
}
colgroup#groupB {
  background: #ffc;
}
colgroup#groupC {
  background: #ccf;
}
```

ただし、colgroup 要素や col 要素に使用できるプロパティは、border 関連、background 関連、width、visibility に限られており、その他のプロパティは無効になるので注意してください。さらに、border プロパティは、「border-collapse:collapse;」の場合にのみ有効、background プロパティは、セルや行の背景が透明な場合にのみ有効という制限があります。これらは実務でハマりやすいポイントになるので覚えておくと良いでしょう。

●表 4.1　colgroup 要素と col 要素に使用できるプロパティ

プロパティ	説明
border	table 要素の 'border-collapse' の値が 'collapse' である場合に限り有効
background	セルや行の背景が透明な場合に限り有効
width	ブラウザによっては、列幅を指定しておくことで、データの読み込みが終わるのを待たずに、横1行ずつ表示させることが可能になる
visibility	値を 'collapse' にすると、その部分が切り取られて表示される

:nth-child() を使って縦列をスタイルの適用対象とする

先述したように、colgroup や col 要素をセレクタとする場合、使えるプロパティが限られてしまいます。そこで、CSS3 のセレクタ「E:nth-child(n)」を使ってテーブルの縦列を操作する方法もあります。これは、n 番目の子となる E 要素をスタイルの対象とするセレクタで、例えば、奇数列をスタイルの対象にしたい場合は「td:nth-child(odd)」、偶数列は「td:nth-child(even)」という具

47

第4章　テーブル（ハイライト表示／縦列のスタイリン

合になります。td をセレクタとしているため、colgroup 要素をセレクタとする場合と違ってボーダーの表示形式を問わず、「border-collapse:separate;」であっても border プロパティが有効なので、図 4.2 のようなボーダーとボーダーが重ならないタイプのデザインも可能になります。

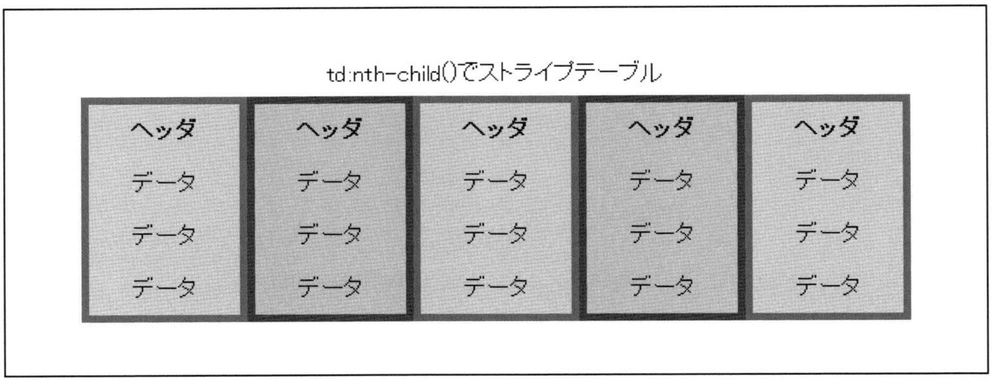

● 図 4.2　E:nth-child(n) で縦列に対してスタイルを適用（nthchild.html）

　このサンプルでは、col 要素に対して背景色を適用し、セルに対してボーダーを引いています。最初の行の見出しセル（th）には上・左・右ボーダーを、2 行目から最終行のセル（td）には左・右ボーダーを、最終行のセル（tr:last-child th）には下ボーダーを引いて、グループを囲むように縦列をスタイリングしています。

●リスト 4.4　E:nth-child(n) で縦列に対してスタイルを適用／HTML（nthchild.html）

```
col.groupA {
  background: #fcc;
}
col.groupB {
  background: #ccf;
}
th:nth-child(odd) {/* 最初の行の見出しセルは上・左・右ボーダー */
  border-top: 5px solid #f00;
  border-left: 5px solid #f00;
  border-right: 5px solid #f00;
}
td:nth-child(odd) { /* 2行目からのセルは左・右ボーダー */
  border-left: 5px solid #f00;
  border-right: 5px solid #f00;
}
tr:last-child td:nth-child(odd) { /* 最終行のセルは下ボーダー */
  border-bottom: 5px solid #f00;
}
th:nth-child(even) {
  border-top: 5px solid #00f;
  border-left: 5px solid #00f;
  border-right: 5px solid #00f;
}
td:nth-child(even) {
  border-left: 5px solid #00f;
  border-right: 5px solid #00f;
}
tr:last-child td:nth-child(even) {
```

48

```
    border-bottom: 5px solid #00f;
}
```

4.2 行にカーソルを乗せるとハイライト表示するテーブル

縦列をスタイルの対象とする方法を学んだところで、図 4.3 のように縦列をグループごとに色分けし、横行にカーソルを乗せるとハイライト表示するテーブルをスタイリングしてみましょう。

	東京				大阪			
月	平均気温(℃)	最高気温(℃)	最低気温(℃)	降水量(mm)	平均気温(℃)	最高気温(℃)	最低気温(℃)	降水量(mm)
1月	5.5	14.4	−1.4	70	5.2	13.3	−1.1	38.5
2月	6.2	20.9	−0.5	30	5.6	17.1	−1	92.5
3月	12.1	25.3	3.2	44.5	10.7	22.3	0.4	92
4月	15.2	23.4	5.3	283	14.3	25.1	6.1	108
5月	19.8	28.5	10.5	56	19.8	30.3	8.5	44
6月	22.9	30.2	14.7	159	24.3	36.1	18.3	266
7月	27.3	35.4	21	115.5	28.5	35.1	21.1	50
8月	29.2	38.3	20.3	99	30	38.4	22.1	128
9月	25.2	35.7	15.7	231.5	25.1	34.2	17.3	258.5
10月	19.8	31.3	12	440	20.8	32.7	11.6	210.5
11月	13.5	21.5	5.9	26	12.9	21.9	3.1	80.5
12月	8.3	17.6	0.5	59.5	7.8	15.6	0.5	49.5

▲ 東京と大阪の2013年の気象データ

● 図 4.3 行にカーソルを乗せるとハイライト表示するテーブル（sample03.html）

HTML ソースは次のようになります。縦列は、colgroup 要素で 1 列、4 列、4 列にグループ化し、左端の 1 列には month（月）、次の 4 列を tokyo（東京）、続く 4 列に osaka（大阪）という ID 名を付けました。さらに colgroup 要素内に col 要素を配置して、それぞれ、average（平均気温）、max（最高気温）、min（最低気温）、rain（降水量）というクラス名を付けました。

●リスト 4.5 行にカーソルを乗せるとハイライト表示するテーブル／HTML（sample03.html）

```
<table>
  <caption>東京と大阪の2013年の気象データ</caption>
  <colgroup span="1" id="month"></colgroup>
  <colgroup id="tokyo">
    <col span="1" class="average" />
    <col span="1" class="max" />
    <col span="1" class="min" />
    <col span="1" class="rain" />
  </colgroup>
  <colgroup id="osaka">
    <col span="1" class="average" />
    <col span="1" class="max" />
    <col span="1" class="min" />
    <col span="1" class="rain" />
  </colgroup>
```

第4章 テーブル（ハイライト表示／縦列のスタイリン

```
  <thead>
    <tr><th></th><th colspan="4">東京</th><th colspan="4">大阪</th></tr>
    <tr><th>月</th><th>平均気温(℃)</th><th>最高気温(℃)</th><th>最低気温(℃)</th>
<th>降水量(mm)</th><th>平均気温(℃)</th><th>最高気温(℃)</th><th>最低気温(℃)</th>
<th>降水量(mm)</th></tr>
  </thead>
  <tbody>
    <tr><td>1月</td><td>5.5</td><td>14.4</td><td>-1.4</td><td>70</td>
<td>5.2</td〜中略〜
  </tbody>
</table>
```

縦列に背景色と境界線を付ける

　サンプルでは、東京（tokyo）と大阪（osaka）のcolgroupを対象に背景色を指定しました。東京と大阪の間の境界線は、東京のcolgroupに右ボーダーを付けて実現しています。スタイルの対象はcolgroup要素なので、borderプロパティが使えるように、テーブルセルのボーダーの表示形式を「border-collapse:collapse;」にする必要があります。

　また、東京・大阪の最高気温（max）と降水量（rain）の縦列には半透明の白を指定して、ストライプにしています。半透明の指定は、CSS3のrgba(R, G, B, A)を使用しています。Red、Green、Blueの値に続けて、カンマで区切って透明度Alphaの値を指定します。透明度は0〜1の範囲で、0は完全に透明、1は不透明です。「rgba(255, 255, 255, 0.5);」の場合は半透明の白を50%、という指定になります。

●リスト4.6　縦列に背景色を付ける／CSS（sample03.html）

```
table{
  border-collapse: collapse; /* colgroupでborderプロパティを使うため、collapseにす
る */
}
#tokyo {
  background: rgba(255, 230, 230, 1);
  border-right: 5px solid #fff; /* 右側に白の境界線 */
}
#osaka {
  background: rgba(230, 230, 255, 1);
}
.max, .rain {
  background: rgba(255, 255, 255, 0.5); /* 半透明の白を50% */
}
```

行にカーソルを乗せるとハイライト表示

　同じ要領で、見出しセルには「background: rgba(0, 0, 0, 0.05);」を指定して、不透明の黒を5%指定しています。さらに、カーソルホバー時に横列をハイライトするよう、不透明の黄色を30%乗算しました。不透明にすることで、縦列と横行の色が乗算されてホバー時のハイライトが自然な感じになります。さらにカーソルが乗っているセルは不透明にし、ハッキリと目立たせるようにしています。

4.2　行にカーソルを乗せるとハイライト表示するテーブル

●リスト4.7　行にカーソルを乗せるとハイライト表示するテーブル／CSS（sample03.html）

```css
thead tr:nth-child(2) th {
  background: rgba(0, 0, 0, 0.05); /* 半透明の黒を5% */
}
tbody tr:hover { /* ホバー時の行（横） */
  background: rgba(255, 255, 150, 0.3); /* 半透明の黄色を30% */
}
tbody td:hover { /* ホバー時のセル */
  background: rgba(255, 255, 150, 1); /* 不透明の黄色 */
}
```

キャプションの装飾

　キャプションは、デフォルトでは、テーブルの上にセンタリングされて表示されますが、「caption-size:bottom;」を指定することでテーブルの下に配置できます。右寄せにするには、「text-align: right;」を指定します。サンプルでは、さらに「:before 擬似要素」と content プロパティを使って、caption 要素の直前に「▲」のアイコンを表示しています。

●リスト4.8　行にカーソルを乗せるとハイライト表示するテーブル／CSS（sample03.html）

```css
caption {
  caption-side: bottom; /* キャプションを下に */
  text-align: right;
  padding-top: 5px;
  font-size: 80%;
}
caption:before {
  content: "▲";
  padding-right: 0.5em;
}
```

4.3　行と列をハイライト表示するテーブル

　最後に、図4.4のような、行と列をハイライト表示するテーブルをスタイリングしてみましょう。さきほどの例では、列の背景色と行のハイライト色が乗算されるように設定しましたが、次のサンプルでは、行も列もハイライト表示させます。

第4章　テーブル（ハイライト表示／縦列のスタイリン

都道府県と県庁所在地

コード	都道府県名	ふりがな	県庁所在地	ふりがな
01	北海道	ほっかいどう	札幌市	さっぽろし
02	青森県	あおもりけん	青森市	あおもりし
03	岩手県	いわてけん	盛岡市	もりおかし
04	宮城県	みやぎけん	仙台市	せんだいし
05	秋田県	あきたけん	秋田市	あきたし
06	山形県	やまがたけん	山形市	やまがたし
07	福島県	ふくしまけん	福島市	ふくしまし
08	茨城県	いばらきけん	水戸市	みとし
09	栃木県	とちぎけん	宇都宮市	うつのみやし
10	群馬県	ぐんまけん	前橋市	まえばしし
11	埼玉県	さいたまけん	さいたま市	さいたまし
12	千葉県	ちばけん	千葉市	ちばし

● 図4.4　行と列をハイライト表示するテーブル（sample04.html）

col 要素で縦列をマークアップする

　HTML は次のようになります。table に「zebra」という ID を付け、縦列は col 要素を5列分の5個配置してマークアップしています。

●リスト4.9　横行と縦列をハイライト表示するテーブル／HTML（sample04.html）

```
<table id="zebra">
  <caption>都道府県と県庁所在地</caption>
  <colgroup id="no">
    <col /><col /><col /><col /><col />
  </colgroup>
  <thead>
    <tr>
      <th>コード</th><th>都道府県名</th><th>ふりがな</th><th>県庁所在地</th><th>ふり
がな</th>
    </tr>
  </thead>
  <tbody>
    <tr>
      <td>01</td><td>北海道</td><td>ほっかいどう</td><td>札幌市</td><td>さっぽろし
</td>
    </tr>
～中略～
  </tbody>
</table>
```

テーブルの背景の概念

　さきほどのサンプルでは、列に対して行のハイライトであったため、「tr:hover」で簡単にハイライト色を乗算させることができました。今回のサンプルは「tr:nth-child(even)」で、偶数行ごとに背景色を付けたゼブラテーブルにしていますが、この行に対してもハイライト色を乗算させたいので、「tr:hover」を使うことができません。これを使うとホバー時のスタイルが優先され、ゼブラの背景色のスタイルは無効になるからです。

　ここで、テーブルの背景の概念を確認しておきましょう。テーブルの背景は、図4.5のように上から「セル、行、行グループ、列、列グループ、テーブル」の順でレイヤーになっていると考えてください。

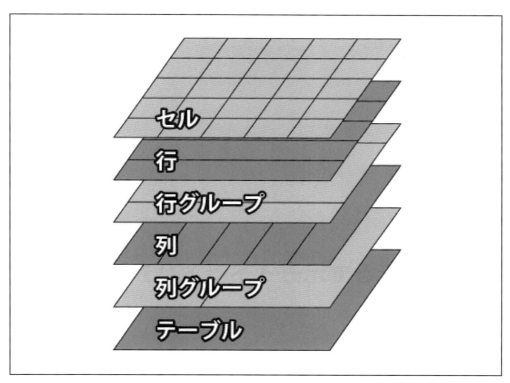

● 図4.5　テーブルのレイヤー（sample04.html）

jQueryの利用

　話を戻して、サンプルでは、「tr:nth-child(even)」で偶数行に背景色を付けたので、ホバー時に色を乗算させたい場合は、行の上のセル、つまりtdに背景色を付ける必要があります。横一行なので、その行のtdすべてが対象になります。また、colgroupやcol要素は「:hover擬似クラス」が効かないため、列のハイライト表示も他の方法を考える必要があります。そこで、jQueryで次のような機能を付けてみました。

- カーソルが乗ったセル（td）に「on」というクラス名を付ける

第4章　テーブル（ハイライト表示／縦列のスタイリン

- カーソルが乗ったセルと兄弟要素のセルに「hover」というクラス名を付ける
- カーソルが乗ったセルが何番目のセルかを取得し、同じ順番にある col 要素に「hover」というクラス名を付ける

●リスト 4.10　横行と縦列をハイライト表示するテーブル／ jQuery（sample04.html）

```
<script type="text/javascript"
src="http://ajax.googleapis.com/ajax/libs/jquery/1.11.0/jquery.min.js">
</script>
<script style="text/javascript">
$(function(){
  $('#zebra td').hover(function() {
    $(this).toggleClass('on');
    $(this).siblings().toggleClass('hover');
    $('#zebra col:eq('+$(this).index()+')').toggleClass('hover');
  });
});
</script>
```

　後は、CSS でそれぞれのクラスに対し背景色を指定するだけです。ここでは偶数行に薄いブルー、ハイライトにイエローを指定しました。rgba() で半透明を設定しているので、偶数行にカーソルが乗った場合は、色が乗算されてグリーンっぽくなります。

●リスト 4.11　横行と縦列をハイライト表示するテーブル／ HTML（sample04.html）

```
tbody tr:nth-child(even){ /*偶数行の色 */
  background-color: rgba(204,255,255,0.5);
}
col.hover, td.hover{ /* 列と行（のセルすべて）のハイライト */
  background-color: rgba(255,255,102, 0.3);
}
td.on{ /* カーソルの乗ったセル */
  background-color: rgba(255,255,102,0.5);
}
```

4.4　まとめ

　本章では、テーブルの列をスタイリングする際に覚えておくと良いポイントを紹介しました。colgroup と col 要素は、使えるプロパティが限定的ですが、CSS3 のセレクタや jQuery とあわせて使うことで、スタイルを適用できることがお分かりいただけたと思います。
　次章では、CSS を使ったフォームのスタイリング方法をご紹介します。

54

第**5**章

フォーム（検索ボックス）

本章では、HTML5 で追加されるフォーム関連の機能を一部抜粋して紹介し、それらをスタイリングするコツを紹介します。ここでは検索ボックスのサンプルを 3 つ紹介します。

5.1 フラットデザインの検索ボックス

まずは図5.1のようなフラットデザインの検索ボックスをスタイリングしてみましょう。

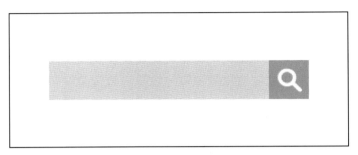

● 図5.1 フラットデザインの検索ボックス（sample01.html）

入力欄のフォーカス時や、ボタンにカーソルが乗るとスタイルが変化し、薄い色になります。

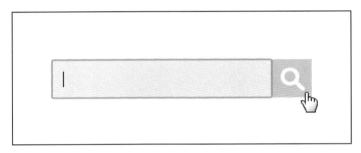

● 図5.2 フォーカス時、ホバー時のスタイル（sample01.html）

HTML5でマークアップ

　コードはHTML5で書いたもので、form要素の中に入力欄と送信ボタンのinput要素を置いたシンプルなコードになっています。HTML5では、action属性がform要素の必須属性ではなくなったので省略しています。またform直下には原則としてブロックレベル要素を配置する必要がありましたが、HTML5ではそのような制約がなくなったので、form直下にinput要素を配置しています。

　1つ目のinput要素はtype属性の値にHTHL5で新しく追加された検索テキストの入力欄を作成できるsearchを指定しました。2つ目のinput要素のtype属性はimageとし、幅と高さが40pxのボタン画像（search01.png）を指定しています。

●リスト5.1　フラットデザインの検索ボックス／HTML（sample01.html）

```
<form>
<input type="search" class="text">
<input type="image" value="検索" src="search01.png">
</form>
```

position プロパティで配置する

まず、入力欄とボタンの高さを揃えるため、それぞれ上下のパディングは付けずにボタン画像と同じ高さの40pxを指定します。入力欄の幅は200pxで、左右パディングは各10pxずつ付けています。

入力欄の右端とボタンの左端をぴったり揃えていますが、これらは親要素のformを基準位置として絶対配置をしています。form要素にposition:relative;を指定して基準位置とします。その上で、それぞれのinput要素にはposition:absolute;を指定して、topやleftプロパティで絶対配置します。入力欄は、フォームの左上で揃えるため、top:0、left:0を指定、ボタンはフォームの左から「入力欄の幅200px + 左パディング10px + 右パディング10px = 220px」となるので、left:220px;を指定します。また、デフォルトスタイルでformやinput要素にマージンが設定されていると、ぴったり重ねることができないので、リセットしておきます。

●リスト5.2 フラットデザインの検索ボックス／CSS (sample01.html)

```css
form, input {
  margin: 0; /* マージンをリセット */
}
form {
  position: relative; /* 基準位置とする */
}
input[type="search"] {
  background-color: #fbd7a2;
  border: 0;
  height: 40px; /* 高さ40px */
  width: 200px;
  padding: 0 10px;
  position: absolute; /* 絶対配置 */
  left: 0;
  top: 0;
}
input[type="image"] {
  border: 0;
  padding: 0;
  width: 40px;
  height: 40px; /* 高さ40px */
  position: absolute; /* 絶対配置 */
  left: 220px; /* 左から220px */
  top: 0;
}
```

入力欄の幅と高さの算出方法を統一する

ここまででIE 11やFirefox 29では意図したように表示されるのですが、Chrome 35では、図5.3のように入力欄とボタンの間に20pxの余白ができてしまいます。これはChromeが入力欄の幅をpaddingを含めて200px幅になるよう算出しているためです。

57

第5章 フォーム（検索ボック

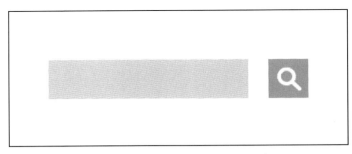

● 図5.3 Chromeで表示（sample01a.html）

　そこでCSS3のbox-sizingプロパティを使います。box-sizingはボックスサイズの算出方法を指定するプロパティで、初期値はパディングやボーダーを幅と高さに含めない「content-box」となっています。Chromeでは検索テキスト入力欄のbox-sizingがパディングやボーダーを高さに含める「border-box」になっています。

●表5.1　box-sizingプロパティ

値	意味
content-box	パディングとボーダーを幅と高さに含めない（初期値）
border-box	パディングとボーダーを幅と高さに含める
inherit	親要素の値を継承する

　そこで次のように「box-sizing: content-box;」を指定すると、Chromeでも入力欄とボタンの間隔が隙間なく表示されます。

●リスト5.3　ボックスの幅と高さの算出方法を統一する／CSS（sample01.html）

```
input[type="search"] {
  ～中略～
  box-sizing: content-box; /* 幅にパディングを含めない */
}
```

フォーカス時とホバー時のスタイルを指定

　続いて入力欄のフォーカス時とボタンのホバー時に半透明のスタイルを指定して完成です。opacityプロパティは要素全体を透過するのに対し、rgba()は背景やボーダーのみを透過します。入力欄のテキストは透過させたくないのでrgba()を使い、ボタンにはopacityプロパティを使いました。

●リスト5.4　フォーカス時とホバー時のスタイルを指定／CSS（sample01.html）

```
input[type="search"]:focus {
  background:rgba(251,215,162,0.5); /* 背景色を半透明に */
}
input[type="image"]:hover {
  opacity: 0.5; /* ボックスを半透明に */
}
```

5.2 立体感のある検索ボックス

次のサンプルでは、図5.4のような立体感のある検索ボックスをスタイリングしてみましょう。

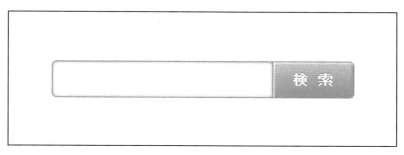

● 図5.4　立体感のある検索ボックス（sample02.html）

入力欄のフォーカス時には背景がハイライト表示され、ボタンにカーソルが乗ると凹んだようなデザインになります。

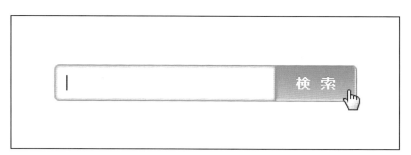

● 図5.5　フォーカス時、ホバー時のスタイル（sample02.html）

HTML5でマークアップ

先ほどと同じくHTML5で書いたシンプルなコードですが、2つ目のinput要素のtype属性の値はsubmitとなっています。

●リスト5.5　立体感のある検索ボックス／HTML（sample02.html）

```
<form>
<input type="search" class="text">
<input type="submit" value="検索">
</form>
```

positionプロパティで配置する

先のサンプルと同じように絶対配置しますが、その前に、幅、パディング、ボーダーを指定して、左からの距離を計算しておきましょう。今回も入力欄の右とボタンの左をぴったり合わせる

ので、入力欄の右ボーダーはなくしておきます。ボタンの左からの距離は、入力欄の幅 200px ＋ 左パディング 10px ＋右パディング 10px ＋左ボーダー 1px ＝ 221px です。

●リスト 5.6　パディングやボーダー幅を指定して絶対配置する／CSS（sample02a.html）

```
form {
  position: relative;
}
input[type="search"] {
  width: 200px;
  padding: 10px;
  font-size: 14px;
  border: 1px solid #cc9900;
  border-right: 0; /* 右ボーダーなし */
  box-sizing: content-box;
  position: absolute;
  top: 0;
  left: 0;
}
input[type="submit"] {
  font-size: 14px;
  padding: 10px 20px;
  border: 1px solid #cc9900;
  position: absolute;
  top: 0;
  left: 221px;
}
```

　これで入力欄の右側とボタンの左側をぴったり合わせることができるはずですが、Firefox で表示すると図 5.6 のようにボタンの高さがずれてしまいます。Firefox には ::-moz-focus-inner という独自の擬似要素があり、四方に 1px の点線と左右に 2px のパディングが設定されているためです。

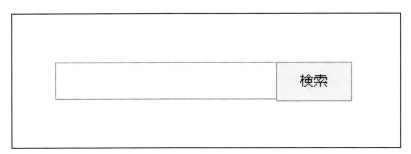

● 図 5.6　Firefox での表示（sample02a.html）

　次のように指定すると、Firefox でも高さを揃えることができます。

●リスト 5.7　Firefox のボーダーとパディングをリセット／CSS（sample02b.html）

```
input::-moz-focus-inner { /* Firefoxのボーダーとパディングをリセット */
  border: 0;
  padding: 0;
}
```

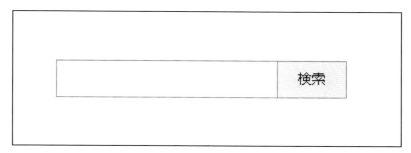

● 図5.7 Firefoxでの表示（sample02b.html）

検索テキスト入力欄とボタンのスタイリング

配置ができたので、入力欄を装飾していきましょう。border-radiusで左上と左下に角丸を指定、box-shadowでくすんだオレンジ色（#cc9966）のシャドウを内側に指定します。

● リスト5.8　検索テキスト入力欄のスタイル／CSS (sample02.html)

```
input[type="search"] {
〜中略〜
  border-radius: 5px 0 0 5px; /* 左上と左下に半径5pxの角丸 */
  box-shadow: 0 0 5px #cc9966 inset; /* ボックスの内側にシャドウ */
}
```

ボタンのスタイリング

続いてボタンの装飾です。背景は、linear-gradientプロパティで、上から下方向に濃いオレンジ（#ffcc99）から薄いオレンジ（#ff9900）のグラデーションを指定します。

ボタンの中のテキストはやや文字間隔が詰まっているように感じるので、letter-spacingプロパティで文字間隔を調整します。ここでは10pxを指定しましたが、テキストの右側にも10pxの余白ができてしまうので、右パディングで調整します。

box-shadowで内側にハイライトとシャドウを付け、さらにtext-shadowでテキストに影を付けてあげると、よりリッチな表現になります。

● リスト5.9　ボタンのスタイリング／CSS (sample02.html)

```
input[type="submit"] {
  〜中略〜
  font-weight: bold;
  letter-spacing: 10px; /* 文字間隔（10px追加） */
  padding: 10px 10px 10px 20px; /* 右パディングをletter-spacing分差し引く */
  background: linear-gradient(#ffcc99, #ff9900); /* グラデーション */
  color: #ffffff;
  border-radius: 0 5px 5px 0; /* 右上と右下に半径5pxの角丸 */
  box-shadow: 1px 1px 1px 0 #ffffcc inset, -1px -1px 3px 0 #ff9900 inset;
/* ボックスの内側にハイライトとシャドウ */
  cursor: pointer; /* リンクカーソル */
  text-shadow: 0 -1px 0 #cc9900; /* テキストの上方向に1pxの影を付ける */
}
```

第5章　フォーム（検索ボック

フォーカス時とホバー時のスタイルを指定

　最後に、入力欄のフォーカス時とボタンのホバー時のスタイルを指定して完成です。ボタンのグラデーションやシャドウ、ハイライトはデフォルト時と逆の向きになるよう指定すると凹んだ表現になります。なお、図5.8のブルーのアウトラインのように一部のブラウザではフォーカス時やアクティブ時にアウトラインが表示されます。outline:none;でアウトラインをリセットできます。

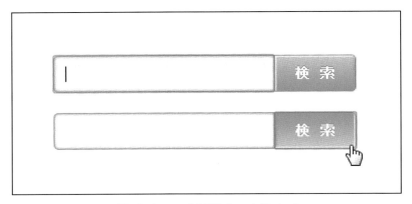

● 図5.8　Chromeでの表示（sample02c.html）

●リスト5.10　フォーカス時とホバー時のスタイル／CSS（sample02.html）

```css
input[type="search"]:focus {
  background-color: #ffffe0;
}
input[type="submit"]:hover {
  background: linear-gradient(#ff9900, #ffcc99); /* グラデーション */
  box-shadow: -1px -1px 1px 0 #ffffcc inset, 1px 1px 3px 0 #ff9900 inset;
  /* ボックスの内側にハイライトとシャドウ */
}
input {
  outline: none; /* アウトラインをリセット */
}
```

5.3　フォーカス時に幅が広がる検索ボックス

　最後のサンプルは、角丸で虫眼鏡アイコンとヒントテキストがあるデザインです。

● 図5.9　フォーカス時に幅が広がる検索ボックス（sample03.html）

フォーカス時には、ボックス幅が広がりピンクの光彩が出ます。

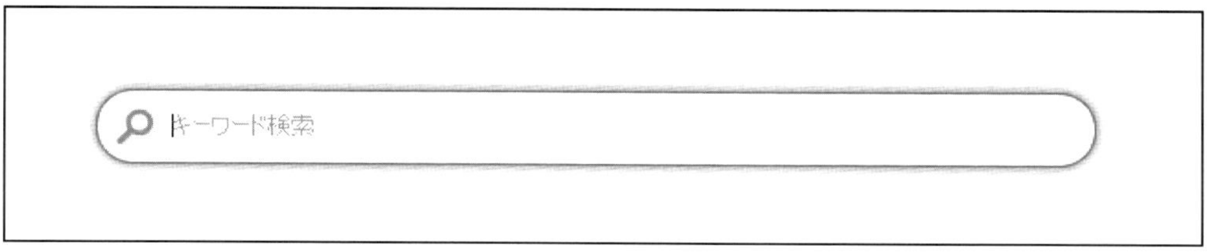

● 図5.10　フォーカス時、ホバー時のスタイル（sample02.html）

HTML5でマークアップ

　ここではボタンがないので、さらにシンプルなコードになっていますが、HTML5で追加された placeholder 属性を使っています。プレースホルダーとは、フォームの入力欄の中に表示される入力に関するヒントを示したテキストです。

● リスト 5.11　フラットデザインの検索ボックス／HTML (sample01.html)

```html
<form>
<input type="search" placeholder="キーワード検索">
</form>
```

デフォルト時のスタイリング

　まずはデフォルト時のスタイルを設定しましょう。幅は200px、1px のグレーのボーダー、半径20px の角丸を指定します。

　さらに、背景色をグレー、背景画像として虫眼鏡アイコンを左から10px、高さの真ん中に繰り返さずに表示するよう指定しています。アイコンの表示領域を確保するため、左パディングには40px を指定しました。

　アニメーションの指定はCSS3 の transition プロパティを使っています。これはCSS プロパティが変化する際のアニメーション効果をまとめて指定できるプロパティで、 transition-property、transition-duration（変化の時間）、transition-timing-function（変化のタイミング）、transition-delay（変化がいつ始まるか）の各プロパティの値を、この順に半角スペースで区切って一括で指定できます。この例では、transition-property と transition-property のみ、全プロパティが0.5秒かけて変化するよう指定しています。

● リスト 5.12　デフォルト時のスタイリング／CSS (sample03.html)

```css
input[type="search"] {
  box-sizing: content-box;
  padding-left: 40px; /* アイコンの表示領域のためのパディング */
  height: 38px;
  width: 200px;
  border-radius: 20px;
  border: 1px solid #ccc;
  background: #eee url('search03.png') 10px center no-repeat;
  transition: all 0.5s; /* アニメーションの指定：全プロパティ、0.5秒かけて変化 */
}
```

フォーカス時のスタイリング

　フォーカス時は、幅500px、背景色は白、ボーダーはピンクになるよう指定しました。ピンク系の光彩は、box-shadowプロパティで指定しています。また、図5.11のように一部のブラウザではフォーカス時やアクティブ時にアウトラインが表示されるので、outline:none;でアウトラインをリセットしています。

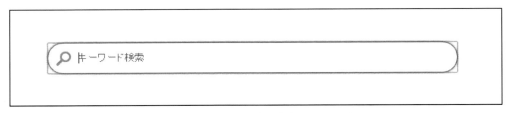

● 図5.11　Chromeでの表示（sample03a.html）

●リスト5.13　フォーカス時のスタイリング／CSS（sample03.html）

```css
input[type="search"]:focus {
  width: 500px;
  background-color: #ffffff;
  border-color: #ff00cc;
  box-shadow: 0 0 5px 0 #cc6699;
  outline: none;
}
```

プレースホルダーのスタイル

　執筆時点では、プレースホルダーをスタイルの適用対象とするには、ブラウザごとにベンダープレフィックスが必要です。CSS3から擬似要素はコロンが2つになりましたが、IEではコロンが1つ、またplaceholderとinput-placeholderの2種類の書式があるので注意しましょう。

●表5.2　プレースホルダーのベンダープレフィックスと書式

ベンダープレフィックス付き書式	対象ブラウザ
::-webkit-input-placeholder	Webkit系ブラウザ（Chrome、Safari）
::-moz-placeholder	Firefox 19+
:-ms-input-placeholder	Internet Explorer 10+

　サンプルでは、次のように文字色がグレーになるよう統一しました。

●リスト5.14　Firefoxのボーダーとパディングをリセット

```css
::-webkit-input-placeholder { /* Chrome, Safari */
  color: #666666;
}
::-moz-placeholder { /* Firefox */
  color: #666666;
}
:-ms-input-placeholder { /* IE */
  color: #666666;
}
```

5.4　まとめ

　本章では、検索ボックスのスタイリング例を3つ紹介しました。フォームはブラウザごとのデフォルトスタイルにばらつきがありますが、入力欄やボタン、プレースホルダーなどをスタイリングする際もブラウザごとの対処法を覚えておくと便利です。次章では、フォーム部品のラジオボタンやチェックボックスのスタイリング方法をご紹介します。

第**6**章

フォーム（ラジオボタン・チェックボックス・セレクトフォーム）

本章では、フォーム部品のラジオボタンやチェックボックス、セレクトフォームなどをスタイリングするコツを紹介します。

6.1 ラジオボタンのスタイリング

図 6.1 のようにラジオボタンのデフォルトスタイルはブラウザによって異なります。これを CSS を使ってスタイリングしてみましょう。

● 図 6.1 ラジオボタンのデフォルトスタイル (radio.html)

ボタン風ラジオボタン

さっそく、図 6.2 のようなボタン風のデザインを作ってみましょう。選択時はピンクの背景色、選択されていないときはグレーの背景色で表示されます。

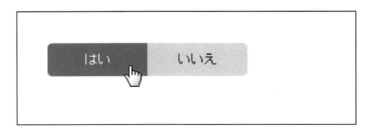

● 図 6.2 ボタン風ラジオボタン (radio.html)

HTML は input 要素と label 要素を p 要素で囲んだシンプルなコードです。

●リスト6.1　ボタン風ラジオボタン／HTML (radio.html)

```html
<form>
  <p id="radio1">
    <input type="radio" name="radio1" id="yes1" checked="checked"><label for="yes1">はい</label>
    <input type="radio" name="radio1" id="no1"><label for="no1">いいえ</label>
  </p>
</form>
```

　このデザインは、元々表示されるラジオボタンを「opacity: 0;」で透明にして隠し、label要素をボタン風にスタイリングすることで実現しています。ラジオボタンを隠す方法として「display: none;」が使われることもありますが、この場合、キーボードでアクセスできなくなってしまうので「opacity: 0;」を使う方が良いでしょう。

●リスト6.2　input要素を透明に／CSS (radio.html)

```css
#radio1 input {
  opacity: 0; /* ラジオボタンを透明に */
}
```

　続いて2つのラベルをfloatレイアウトで横並びに配置します。floatレイアウトでは、floatさせた要素と同階層の要素にclearプロパティを指定して回り込みを解除するのが基本です。回り込みを解除しなかった場合、親要素の背景の高さが足りない、marginが効かないといった不具合が起きることがあります（仕様どおりの挙動です）。

　試しにサンプルのfloatさせた要素の親にあたるp#radio1にブルーの背景色を指定してみましょう。floatを解除しなかった場合、図6.3のように背景色の高さが前面のボタンより低くなっています。

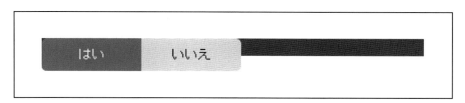

●図6.3　float解除しなかった場合：ブルーの背景の高さが足りない (radio.html)

　このサンプルでは、回り込みの解除にclearfixを使っています。clearfixとは、clearプロパティをかけるための兄弟要素がない場合に、:after擬似要素で空の内容を作り、そこにclearプロパティを指定して回り込みを解除させるテクニックです。

　さきほどの試しでブルーの背景色を指定したサンプルにclearfixのテクニックを使うと図6.4のように背景色の高さが意図したものになります。

第6章 フォーム（ラジオボタン・チェックボックス・セレクトフォー

● 図 6.4　float 解除した場合：ブルーの背景の高さが意図した通りになる（radio.html）

● リスト 6.3　float レイアウトでラベルを横並びに配置／ CSS（radio.html）

```
#radio1 label {
  display: block;
  margin: 0;
  padding: 10px;
  width: 80px;
  〜中略〜
  float: left; /* floatレイアウトで横並びに */
}
#radio1:after { /* clearfix */
  content: "";
  display: block;
  clear: left;
}
```

　これでラベルを横並びに配置できたので、次に、それぞれのラベルに CSS3 の border-radius プロパティで角丸を指定していきます。セレクタを＋で区切ると、同じ階層にある要素同士で、ある要素の直後に現れる要素を対象にスタイルを適用できます。サンプルでは input#yes1 直後の label 要素、input#no1 直後の label 要素をセレクタとしています。

● リスト 6.4　各ラベルに角丸を指定／ CSS（radio.html）

```
input#yes1 + label {
  border-radius: 5px 0 0 5px; /* 左上5px、右上0、右下0、左下5px の角丸 */
}
input#no1 + label {
  border-radius: 0 5px 5px 0; /* 左上0、右上5px、右下5px、左下0 の角丸 */
}
```

　最後に選択時のスタイルを指定して完成です。:checked は、擬似クラスの一種で、チェックされている要素にスタイルを適用する際に使用します。

● リスト 6.5　選択時のスタイル／ CSS（radio.html）

```
#radio1 input[type="radio"]:checked + label {
  background-color: #ff0066;
  color: #ffffff;
}
```

CSS で生成したラジオボタン

　次は、CSS だけで図 6.5 のようなラジオボタンを生成してみましょう。

6.1　ラジオボタンのスタイリング

●図6.5　CSSで生成したラジオボタン（radio.html）

　HTMLはp要素のid名が異なるだけで先のサンプルと同じです。ここでもinput要素を「opacity:0;」で透明にして隠します。次に、:before擬似要素でラジオボタンを作り、:after擬似要素で選択時にボタン中央に表示される円を作ります。

　それぞれ「content:"";」で空の内容を作り、widthとheightプロパティで幅と高さを指定、「border-radius: 50%;」で正円の形にし、background-colorで色を付けます。

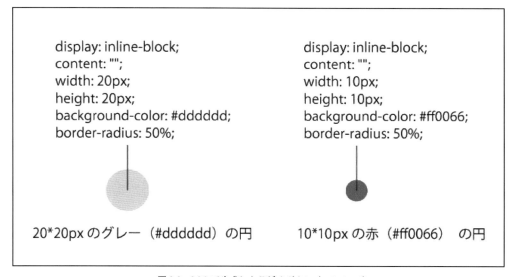

●図6.6　CSSで生成したラジオボタン（radio.html）

●リスト6.6　CSSでラジオボタンとチェック時の円を生成／CSS（radio.html）

```
#radio2 input {
  opacity: 0; /* 透明に */
  〜中略〜
}
#radio2 label:before {
  display: inline-block;
  content: "";
  width: 20px;
  height: 20px;
  background-color: #dddddd;
  border-radius: 50%;
  〜中略〜
}
#radio2 input[type="radio"]:checked + label:after {
  display: inline-block;
```

```
  content: "";
  width: 10px;
  height: 10px;
  background-color: #ff0066;
  border-radius: 50%;
  〜中略〜
}
```

続いてラベルに「position:relative;」を指定して、後に絶対配置するラジオボタンの基準位置とした上で、padding-leftでボタン分の幅を指定しておきます。

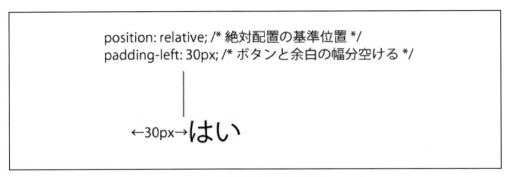

● 図6.7　ラベルの基準位置と余白を指定（radio.html）

●リスト6.7　ラベルの基準位置と余白を指定／CSS（radio.html）

```
#radio2 label {
  position: relative; /* 絶対配置の基準位置 */
  padding-left: 30px; /* ボタンと余白の幅分空ける */
  〜中略〜
}
```

いよいよラジオボタンと選択時に表示される円を配置していきます。それぞれ「position: absolute;」を指定して、topやleftプロパティで絶対配置します。margin-topに円の半径分のネガティブマージンを設定して位置を調整します。

6.1 ラジオボタンのスタイリング

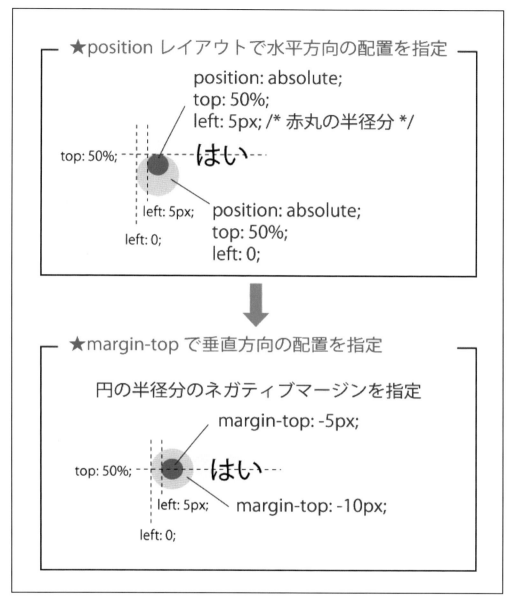

● 図6.8 ラジオボタンと選択時の円を配置する（radio.html）

●リスト6.8 ボタンとチェック時の丸を絶対配置／CSS（radio.html）

```
#radio2 label {
  position: relative; /* 絶対配置の基準位置 */
  〜中略〜
}
#radio2 label:before {
  〜中略〜
  position: absolute; /* 絶対配置 */
  top: 50%;
  left: 0;
  margin-top: -10px;
}
```

73

第6章　フォーム（ラジオボタン・チェックボックス・セレクトフォー

```
#radio2 input[type="radio"]:checked + label:after {
  ～中略～
  position: absolute; /* 絶対配置 */
  content: "";
  top: 50%;
  left: 5px;
  margin-top: -5px;
}
```

　最後に :focus 擬似クラスでフォーカス時のスタイルを指定します。ここでは box-shadow プロパティを指定してハイライト表示しています。サンプルの値は、水平方向に 0、垂直方向に 0、ぼかし距離に 1px、広がりに 3px、色は #ff6699 を指定しています。

●リスト6.9　フォーカス時のスタイル／CSS (radio.html)

```
#radio2 input[type="radio"]:focus + label:before {
  box-shadow: 0 0 1px 3px #ff6699; /* ハイライト表示 */
}
```

6.2　チェックボックスのスタイリング

　続いてチェックボックスのスタイリングをしてみましょう。図6.9のように、チェックボックスのデフォルトスタイルもブラウザによって異なります。

● 図6.9　チェックボックスのデフォルトスタイル (checkbox.html)

6.2 チェックボックスのスタイリング

チェックボックスをCSSで生成

先ほどのラジオボタンと同じように、図6.10のようなチェックボックスをCSSで生成してみましょう。

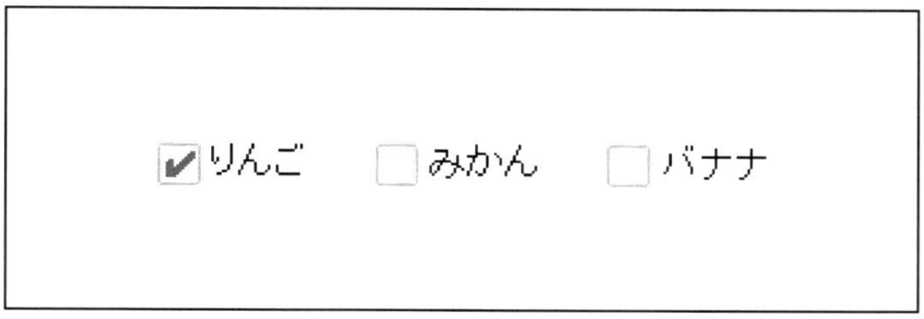

● 図6.10 CSSで生成したチェックボックス（checkbox.html）

HTMLは次のようになっています。

●リスト6.10 CSSで生成したチェックボックス／HTML（checkbox.html）

```
<form>
  <p id="checkbox1">
    <input type="checkbox" name="checkbox1" id="c4" checked="checked">
<label for="c4">りんご</label>
    <input type="checkbox" name="checkbox1" id="c5"><label for="c5">みかん
</label>
    <input type="checkbox" name="checkbox1" id="c6"><label for="c6">バナナ
</label>
  </p>
</form>
```

ここでも「opacity: 0;」で元々のチェックボックスを透明にし、「position: relative;」でラベルを絶対配置の基準位置とします。

●リスト6.11 チェックボックスを透明にし、ラベルを絶対配置の基準位置に／CSS（checkbox.html）

```
#checkbox1 input {
  opacity: 0;
}
#checkbox1 label {
  position: relative; /*絶対配置の基準位置 */
  ～中略～
}
```

次に、:before擬似要素でチェックボックスを作りましょう。「content:"";」を指定して空の内容を追加し、widthやheightプロパティを指定して正方形にします。これに「border-radius:2px;」を指定すると角丸になります。さらに、「position:absolute;」を指定して、topやleftプロパティで絶対配置します。

●リスト6.12 チェックボックスを生成／CSS（checkbox.html）

```
#checkbox1 label:before {
  display: inline-block;
```

75

```
  content: "";
  border: 1px solid #ccc;
  border-radius: 2px;
  width: 1em;
  height: 1em;
  margin-right: 5px;
  position: absolute;
  top: 0;
  left: 0;
}
```

:checked 擬似クラスと :after 擬似要素でチェック時のラベルの後にチェックマークを生成し、絶対配置します。ここでは、content プロパティの値に Unicode のチェックマーク（HEAVY CHECK MARK）「\2714」を指定していますが、ここにチェックマークの画像を指定しても良いでしょう。

●リスト6.13　チェック時のチェックマーク／CSS（checkbox.html）

```
#checkbox1 input[type="checkbox"]:checked + label:after {
  content: "\2714";
  font-weight: bold;
  color: red;
  position: absolute;
  top: 0;
  left: 0;
}
```

最後にフォーカス時のスタイルを指定して完成です。

●リスト6.14　フォーカス時のスタイル／CSS（checkbox.html）

```
input[type="checkbox"]:focus + label:before {
  box-shadow: 0 0 1px 2px orange;
}
```

チェックボックスを背景画像で表示

図6.11のように、チェックボックスを背景画像で表示することもできます。この場合は画像を用意する手間がありますが、コードはとてもシンプルになります。

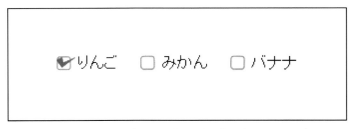

●図6.11　チェックボックスを背景画像で表示（checkbox.html）

HTML は p 要素の id 名が異なるだけで先のサンプルと同じです。まずは、例のごとく、元々のチェックボックスを「opacity:0;」で透明にします。次にラベルにチェックボックスの画像を背

景画像として、左側に一度だけ配置し、padding-left プロパティで背景画像とテキストの間の余白を調整します。

●リスト 6.15　ラベルにチェックボックスの画像を背景画像として指定／CSS（checkbox.html）

```
#checkbox2 input {
  opacity:0;
}
#checkbox2 label {
  display: inline-block;
  padding-left: 25px;
  background: url("check_off.png") no-repeat left center;
}
```

　チェック時は、背景画像を差し替えるだけです。

●リスト 6.16　チェック時の背景画像を指定／CSS（checkbox.html）

```
#checkbox2 input[type=checkbox]:checked + label {
  background: url("check_on.png") no-repeat left center;
}
```

6.3　セレクトフォームのスタイリング

　図 6.12 のように、select 要素のデフォルト CSS もブラウザによって異なります。現在のところ、select 要素を CSS でスタイリングするには限界があります。その理由を説明します。

● 図6.12　セレクトフォームのデフォルトスタイル（select.html）

背景やボーダー関連プロパティで装飾

図6.13はセレクトフォームを背景やボーダー関連のプロパティで装飾した例です。

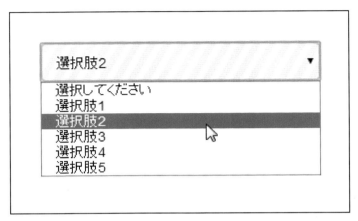

● 図6.13　背景やボーダー関連プロパティで装飾したセレクトフォーム（select.html）

背景画像を設定し、角丸のボーダーを設定したシンプルなスタイリング例です。

● リスト6.17　CSSで生成したラジオボタン／CSS（select.html）

```css
select#sample {
  margin: 0;
  padding: 10px;
  width: 280px;
  height: 40px;
  font-size: 14px;
  background: url("select.png");
  padding-left: 10px;
  border: 2px solid #ccc;
  border-radius: 5px;
}
```

appearanceプロパティ

　セレクトフォームは、背景やボーダー関連のプロパティで装飾することはできますが、右側に表示される下向きの三角形や、セレクトフォーム展開時の見栄えをCSSだけで制御することは現在のところ難しくなっています。

　CSS3のappearanceは、ユーザーが利用するプラットフォームに応じて、要素がその環境における標準的なUIになるよう指定できるプロパティです。図6.14のように、「appearance:none;」を指定すると、ChromeやSafariのWebKit系ブラウザでは右側の三角形を消すことができますが、IEやFirefoxでは消すことができません。また、値を「button」にして装飾する方法もありますが、同じくPC向けのブラウザではWebKit系を除き未対応のため、使用はスマートフォン向けにとどめた方が良いでしょう。

Google Chrome 35

選択してください

Firefox 30

選択してください ▾

Internet Explorer 11

選択してください ∨

● 図6.14　appearance プロパティの表示例（select.html）

6.4　まとめ

　本章では、前章に引き続きフォームの部品を紹介しました。ラジオボタン、チェックボックスは本来の見栄えを消した上でスタイリングするのがポイントです。セレクトフォームは現在のところ CSS のみのスタイリングには限界があるので、jQuery を使うのが一般的です。次章では、これまで紹介したフォームの部品を組み合わせてお問い合わせフォームのスタイリング例を紹介します。

第**7**章

フォーム（お問い合わせ フォーム）

本章では、これまで紹介したフォームパーツを組み合わせたエアメール風のお問い合わせフォームをスタイリングする方法を紹介します。

第7章 フォーム（お問い合わせフォー

7.1 エアメール風デザインのお問い合わせフォーム

　本章では、図7.1のようなエアメール風デザインのお問い合わせフォームをCSSでスタイリングする方法を紹介します。

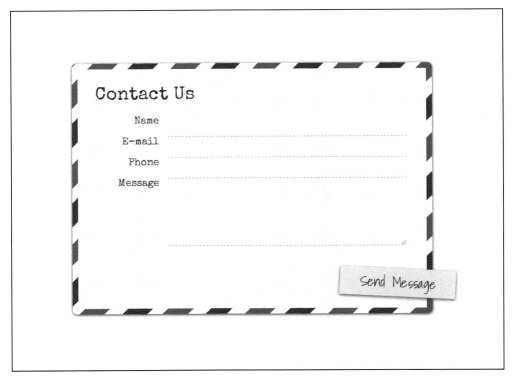

● 図7.1　エアメール風デザインのお問い合わせフォーム（sample.html）

フォーム全体のマークアップ

　まずはフォーム全体のマークアップを確認しましょう。HTML5で書いたもので、p要素でlabel要素とinput要素を囲んだシンプルなコードです。赤と青の斜線を表現するために、全体をdivで囲み、sampleというID名を付けています。また、最後のp要素は送信ボタンを紙のように装飾するため、ここにもsubmitというID名を付けました。

● リスト7.1　エアメール風デザインのお問い合わせフォーム／HTML（radio.html）

```
<div id="sample">
  <form>
    <h1>Contact Us</h1>
    <p>
      <label for="name">Name</label>
      <input type="text" name="name" id="name" required="required">
    </p>
```

```
    <p>
      <label for="mail">E-mail</label>
      <input type="email" name="mail" id="mail" required="required">
    </p>
    <p>
      <label for="tel">Phone</label>
      <input type="tel" name="tel" id="tel" required="required">
    </p>
    <p>
      <label for="message">Message</label>
      <textarea name="message" id="message" required="required"></textarea>
    </p>
    <p id="submit"><input type="submit" value="Send Message"></p>
  </form>
</div>
```

required属性で必須項目を指定

　HTML5では、入力必須、妥当性のチェック、入力補助など、これまでJavaScriptで作成されることの多かったフォームに関する機能をHTMLで指定することができます。ただし、これらのチェックは未対応ブラウザによっては働きませんし、JavaScriptをほとんど用いずに入力値チェックが可能になったとしても、サーバー側でのチェックが不要になるわけではありませんので使用の際には気を付けましょう。

　サンプルでは、入力必須の指定にHTML5で追加されたrequired属性を使っています。

●リスト7.2　必須項目の指定／HTML (sample.html)

```
<p>
  <label for="name">Name</label>
  <input type="text" name="name" id="name" required="required">
</p>
```

　図7.2のように、required属性をサポートしている一般的なブラウザで値が空のまま送信ボタンを押すと、注意を促す表示が出てPOSTできなくなります。

● 図7.2　input要素のrequired属性（sample.html）

<input type="email">

　HTML5では、input要素のtype属性に新しい値が多数追加されました。

第7章 フォーム（お問い合わせフォー

●表7.1 HTML5で追加されたinput要素のtype属性の値

値	説明
email	メールアドレス
url	URL
search	検索テキスト
tel	電話番号
date	日付
datetime	UTC（協定世界時）による日時
datetime-local	UTC（協定世界時）によらないローカル日時
month	月
week	週
time	時間
number	数値
range	大まかな数値
color	色

サンプルでは、type属性の値にemailを指定しメールアドレス入力欄を作成しています。

●リスト7.3 メールアドレス入力欄／HTML (sample.html)

```
<p>
  <label for="mail">E-mail</label>
  <input type="email" name="mail" id="mail" required="required">
</p>
```

図7.3のように、type="email"をサポートしている一般的なブラウザでは、メールアドレス以外の内容を入力して送信しようとするとエラーが表示されます。

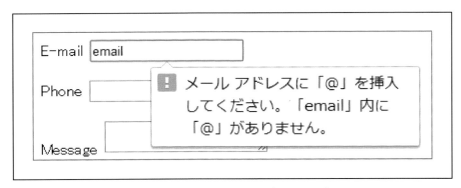

● 図7.3 <input type="email"> (sample.html)

<input type="tel">

input要素のtype属性の値にtelを指定すると、電話番号入力欄を作成できます。こちらもHTML5で追加された値です。

●リスト7.4 電話番号入力欄／HTML (sample.html)

```
<p>
  <label for="tel">Phone</label>
```

```
    <input type="tel" name="tel" id="tel" required="required">
</p>
```

type="email"のように、入力形式が決まっているわけではなく、type="text"と同じような動作
になりますが、スマホ／タブレットなどのソフトウェアキーボードがある環境によっては、キー
ボードがテンキーになります。

● 図7.4 <input type="tel">iPhone での表示（sample.html）

7.2 封筒のスタイリング

それでは、CSSでエアメール封筒風のスタイリングをしていきましょう。

repeating-linear-gradient() 関数を使って斜線を作る

エアメール風の封筒を縁取る赤、青、白の斜線は、CSS3 の repeating-linear-gradient() 関数を
使って実装しています。

第7章　フォーム（お問い合わせフォー

　ここでの構文は次のようになっています。第1引数に斜線の角度を指定し、その後は斜線を作る色とその色の始点と終点を続けて指定していきます。それぞれの色の始点と終点は、グラデーションの開始位置からの距離を指定します。色は何色でも指定でき、色の指定が終わったところで、再び最初に指定した色から繰り返されます。

●リスト7.5　repeating-linear-gradient() 関数の構文

```
repeating-linear-gradient(斜線の角度, 色1, 色1 終点, 色2 始点,色2 終点, 色3 始点, 色3 終点, 色4 始点,色4 終点);
```

　実際のコードは次のとおりです。-45度方向（-45deg）に軸を伸ばし、赤（#cc0000）で始まり30pxで終わり、30pxから透明（transparent）になり50pxで終わり、50pxから青（#0000cc）になり80pxで終わり、80pxから透明になり100pxで終わるグラデーションの繰り返しという指定になります。

●リスト7.6　repeating-linear-gradient() 関数で斜線を作る／CSS (sample.html)

```
#sample {
  margin:50px auto;
  width:600px;
  padding:10px;
  background-image:repeating-linear-gradient(-45deg, #cc0000, #cc0000 30px,
transparent 30px, transparent 50px,#0000cc 50px, #0000cc 80px,transparent
80px, transparent 100px);
}
```

複数の背景を指定

　CSS3では要素に複数の背景を適用できます。複数の背景は、各レイヤーをカンマで区切って指定します。最初に指定した背景が最前面、最後に指定した背景が最も奥のレイヤーになるように、重ねて描画されます。

　サンプルでは、斜線の指定の後、カンマで区切って、url(bg.png) を指定しています。

●リスト7.7　repeating-linear-gradient() 関数で斜線を作る／CSS (sample.html)

```
#sample {
  ～中略～
  background-image:repeating-linear-gradient(-45deg, #cc0000, #cc0000 30px,
transparent 30px, transparent 50px,#0000cc 50px, #0000cc 80px,transparent
80px, transparent 100px),url(bg.png);
}
```

　続いて、CSS3のborder-radiusプロパティで8pxの角丸を指定、box-shadowで水平方向に0、垂直方向に1px、6pxのぼかしでグレー（#333）のドロップシャドウを指定します。

●リスト7.8　角丸とドロップシャドウ／CSS (sample.html)

```
#sample {
  ～中略～
  border-radius:8px;
```

```
  box-shadow:0 1px 6px #333;
}
```

ここまでで、次のようになります。

● 図7.5　背景に斜線を引く（sample.html）

背景を仕上げる

　#sample の div ボックスには、斜線背景を指定しました。この上に、さらに背景画像（bg.png）を重ねます。#sample の中の form 要素に背景画像を指定します。

●リスト7.9　form に背景を指定／CSS（sample.html）

```
form {
  background:url(bg.png);
  padding: 30px;
}
```

　#sample の div ボックスには、10px の padding を指定しているため、10px 幅の斜線が表示されます。斜線の幅を大きくしたい場合には、#sample の padding 幅を大きくします。

　ここまでで、次のようになります。

第7章　フォーム（お問い合わせフォー

● 図7.6　背景を仕上げる（sample.html）

7.3　フォームパーツのスタイリング

背景が完成したので、次は中身をスタイリングしていきましょう。

Webフォントでテキストをスタイリング

見出しのContact Usや、ラベルのName、E-mail、Phone、Message、送信ボタンのSend Messageなどのテキストは「Google Fonts[注1]」を利用してスタイリングしています。

使い方は簡単です。まず、Google Fontsで使いたいフォントを選び、提供されるコードを貼り付けます。見出しとラベルには、Special Eliteというフォントを選びました。

● リスト7.10　Google Fontsで「Special Elite」を利用／HTML（sample.html）

```
<link href='http://fonts.googleapis.com/css?family=Special+Elite'
rel='stylesheet' type='text/css'>
```

送信ボタンには、Shadows Into Lightというフォントを選びました。複数のフォントを指定する場合には、|でフォントを区切って指定します。

● リスト7.11　Google Fontsで「Special Elite」と「Shadows Into Light」を利用／HTML（sample.html）

```
<link href='http://fonts.googleapis.com/css?
family=Special+Elite|Shadows+Into+Light' rel='stylesheet' type='text/css'>
```

続いて、見出し、ラベル、送信ボタンなどに、font-familyプロパティでフォントを指定するだけです。

注1）https://fonts.google.com/

●リスト7.12 見出しとラベルにSpecial Elite、送信ボタンにShadows Into Lightを指定／CSS（sample.html）

```
h1, label {
   font-family: 'Special Elite', cursive;
}
p#submit input {
   font-family: 'Shadows Into Light', cursive;
   〜中略〜
}
```

これで、Webフォントを適用することができました。

● 図7.7　Webフォントの適用（sample.html）

ラベルのスタイリング

ラベルは、右揃えにしたいので、まずは幅を指定して、text-align:rightで右揃えにしたいところですが、label要素はインライン要素なので幅を指定できません。

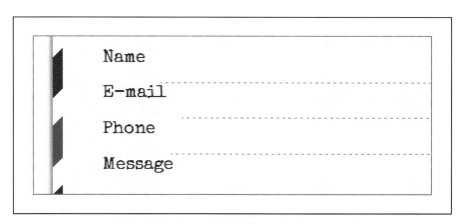

● 図7.8　ラベルがinlineのとき（デフォルト）（sample.html）

だからといってdisplay:block;でブロックレベル要素にしてしまうと、改行されてしまい、後に続く入力欄が横並びにならずに、表示が崩れてしまいます。

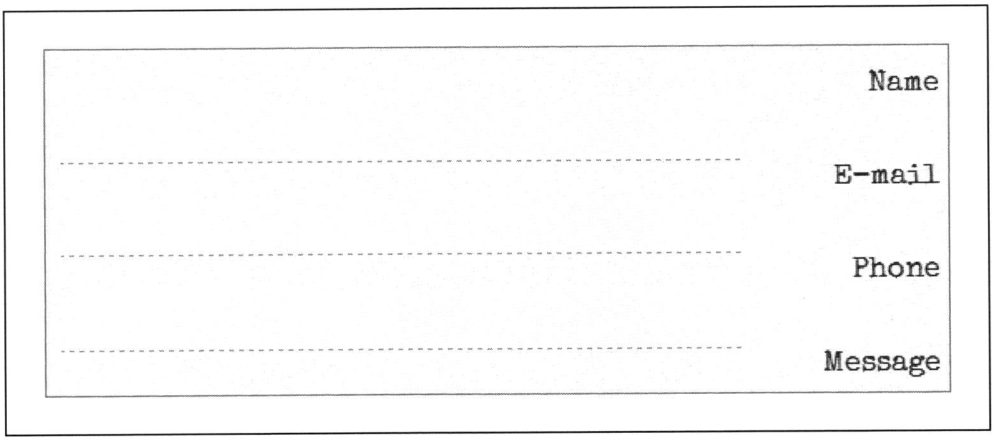

第7章　フォーム（お問い合わせフォー

● 図7.9　ラベルが display:block; のとき（sample.html）

そこで、display:inline-block を指定します。これでインライン要素でありながら幅を持つことができます。ここでは、min-width: 100px; として最小幅100px で指定しました。

● リスト7.13　ラベルに display: inline-block; を指定／CSS（sample.html）

```
label {
  font-size: 18px;
  color: #600;
  display: inline-block;
  min-width: 100px;
  padding: 0 10px;
  text-align: right;
  vertical-align: top;
}
```

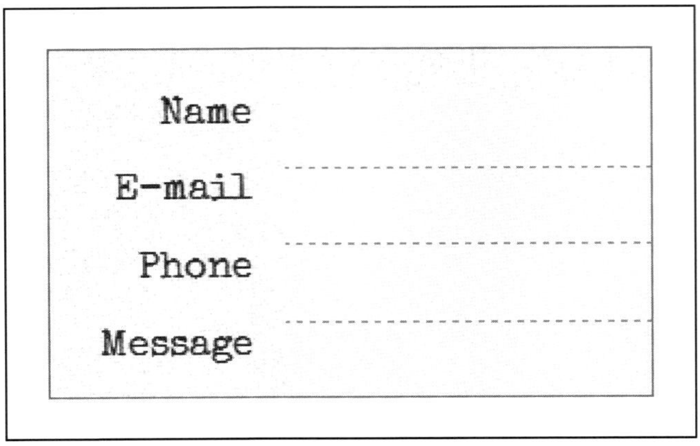

● 図7.10　ラベルが display:inline-block; のとき（sample.html）

90

7.3 フォームパーツのスタイリング

テキスト入力欄のスタイリング

テキスト入力欄は、淡い黄色の背景色を指定し、下ボーダーに破線を指定しています。セレクタに input:not([type="submit"]) とすることで、type 属性が submit ではない input 要素に絞ることができます。

●リスト7.14 入力欄に背景色と下線を指定／CSS（sample.html）

```
input:not([type="submit"]), textarea {
  background: rgba(255,255,204,0.8);
  border-bottom: 1px dashed #999999;
  〜中略〜
}
```

● 図7.11 テキスト入力欄のスタイル（sample.html）

送信ボタンの装飾

送信ボタンは、封筒から紙がはみ出しているようにスタイリングしたいので、絶対配置をします。まずは送信ボタンの親の p#submit に position: relative; を指定して基準位置を決め、続いて、送信ボタンに position: absolute; を指定して、top:-40px で上から -40px、right: -80px で右から -80px に配置しています。最後に transform: rotate(3deg); で少し斜めに回転させて完成です。

```
p#submit {
  position: relative; /* 基準位置を指定 */
}
p#submit input {
  font-family: 'Shadows Into Light', cursive;
  width: 180px;
  padding: 6px 10px;
  border: 0;
  position: absolute; /* 絶対配置 */
  top: -40px;
  right: -80px;
  background: #efef93;
```

91

```
    box-shadow: 0 2px 6px #666;
    transform: rotate(3deg); /* 回転 */
    font-size: 24px;
    color: #600;
}
```

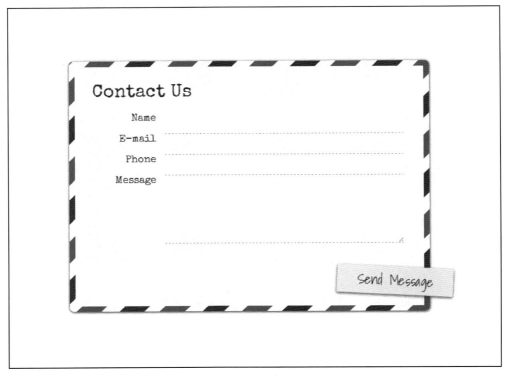

● 図7.12　完成（sample.html）

7.4　まとめ

　本章では、フォーム部品を組み合わせたお問い合わせフォームのスタイリングを紹介しました。CSS3を使うと表現の幅が広がります。次章では実務でよく使われる画像とテキストのスタイリング方法を紹介します。

第**8**章

floatプロパティによる
レイアウト

本章では、実務でよく使われるテクニックとして、float
プロパティによるレイアウト方法を紹介します。
float を使ったレイアウトは、CSS レイアウトの基本と
言っても過言ではありません。しかし、float を使用する
と「親ボックスの背景が表示されない」「後続のボックス
のレイアウトが崩れる」などの問題も起こりがちです。
これらの問題を回避する方法もあわせて紹介します。

8.1 floatレイアウトのポイント1

　floatプロパティは、要素を左または右に浮動化するプロパティで、後に続く要素は、その反対側に回り込みます。図8.1のように、floatプロパティを使うと、通常はHTMLの出現順に縦に並ぶ要素を横並びに配置することができます。

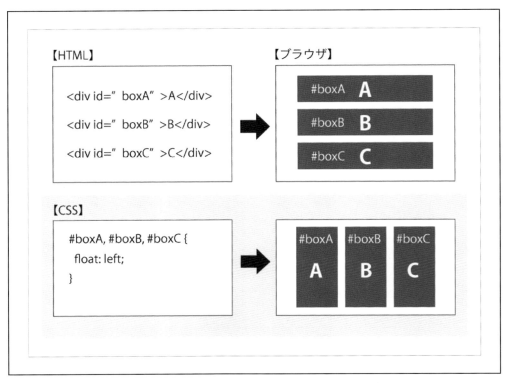

● 図8.1　floatでコンテンツを横並びに配置（sample01.html）

　floatレイアウトは実務でもよく使われるテクニックです。使いこなすことができれば、段組みレイアウトをはじめ、挿絵の周りにテキストを流し込んだり、コンテンツを横並びに配置したりと、レイアウトの幅が広がります。

　使い勝手が良く、便利な一方で、「後続の要素のレイアウトが崩れる」「親要素の背景が効かない」といった問題も起こりがちですが、これらは簡単なポイントさえ押さえておけば回避できます。

後続要素のレイアウト崩れはclearプロパティで防ぐ

　次の例では、親ボックス#wrapperを作成し、その中に、#boxA、#boxB、#boxCを作成しています。

●リスト 8.1　後続要素がある場合／HTML（sample02.html）

```html
<div id="wrapper">
  <div id="boxA">A</div>
  <div id="boxB">B</div>
  <div id="boxC">C</div>
</div>
```

　CSSでは、#boxAをfloat:left;で左側に、#boxBをfloat:right;で右側にフロートさせました。

●リスト 8.2　後続要素がある場合／HTML（sample02.html）

```css
#wrapper {
  width: 620px;
  padding: 10px;
  background-color: #ccc;
  margin: 0 auto;
}
#boxA, #boxB {
  background-color: red;
  ～中略～
}
#boxA {
  width: 200px;
  float: left; /* 左フロート */
}
#boxB {
  width: 400px;
  float: right; /* 右フロート */
}
#boxC {
  background-color: blue;
  ～中略～
}
```

　このままだと、フロートさせた#boxA、#boxBの後に続く要素#boxCが意図したように配置されず、レイアウトが崩れます。

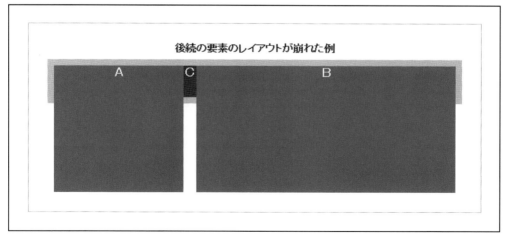

●図8.2　後続要素のレイアウトが崩れた例（sample02.html）

後続要素のレイアウト崩れは、floatボックスの後に続く要素が、その反対側に回り込むという仕様のため起こります。これを回避するには、clearプロパティで回り込みを解除すれば良いのです。ここでは左右にフロートさせているので、clear:both;を指定します。左フロートの回り込みを解除したい場合は、clear:left;、右フロートの場合はclear:right;を指定します。

● リスト 8.3　後続の要素に clear:both; を指定し、回り込みを解除／CSS（sample02a.html）

```
#boxC {
  clear: both; /* 回り込みを解除 */
  〜略〜
}
```

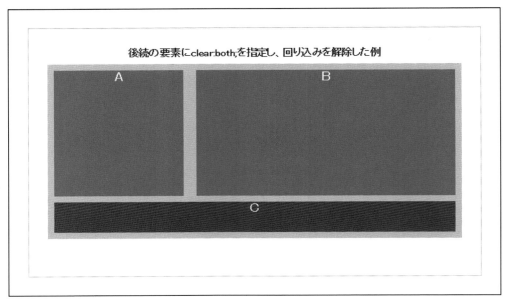

● 図 8.3　後続の要素に clear:both; を指定し、回り込みを解除した例（sample02a.html）

floatプロパティを指定した要素の後に、兄弟要素がある場合には、そこにclearプロパティを指定して回り込みを解除しましょう。これで後続の要素のレイアウト崩れは、だいたい防げるはずです。

8.2　floatレイアウトのポイント 2

後続の兄弟要素がない場合、親要素に overflow:auto; を指定

floatさせた要素のすぐ後ろに兄弟要素がある場合には、先の方法で解決できるのですが、次の例のように、兄弟要素がない場合、「親要素の背景が効かない」といった問題が起こりやすくなります。

● リスト 8.4　後続の兄弟要素がない場合／ HTML（sample03.html）

```
<div id="wrapper">
  <div id="boxA">A</div>
  <div id="boxB">B</div>
</div>
```

　#wrapperの中に、#boxAと#boxBのボックスを作成し、それぞれ左右にフロートさせました。親要素 #wrapper にはグレー（#ccc）の背景色を指定していますが、意図したように表示されません。これは、本来、親要素の中身である子要素が浮いている（フロート）状態のため、中身としてみなされず、子要素の高さが算出されないためです。

● リスト 8.5　親要素の高さが算出されない例／ CSS（sample03.html）

```
#wrapper {
  width: 620px;
  padding: 10px;
  background-color: #ccc;
  margin: 0 auto;
}
#boxA {
  width: 200px;
  float: left;
}
#boxB {
  width: 400px;
  float: right;
}
```

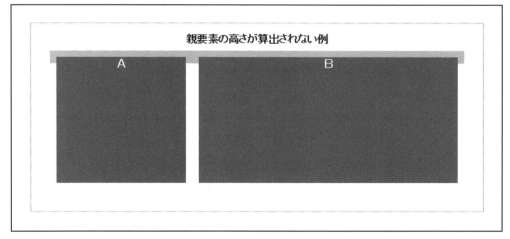

● 図 8.4　親要素の高さが算出されない例（sample03.html）

　このとき、親要素の overflow プロパティの値を auto または hidden にすると、子要素のフロートボックスも高さの算出に加えることができます（厳密には値を scroll としても、高さが算出されますが、中身の高さによらずスクロールバーが表示されます）。サンプルでは、親要素 #wrapper に、overflow:auto を指定しました。

●リスト 8.6　親要素の高さが算出された例／CSS (sample03.html)

```
#wrapper {
  width: 620px;
  padding: 10px;
  background-color: #ccc;
  margin: 0 auto;
  overflow: auto; /* 中のフロートボックスを含めて高さ算出 */
}
```

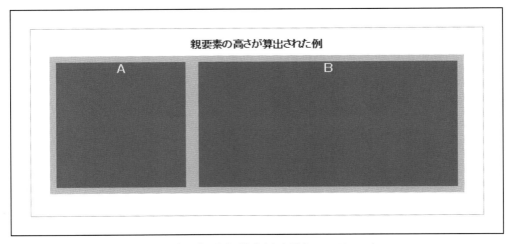

● 図8.5　親要素の高さが算出された例（sample03a.html）

後続の兄弟要素がない場合、親要素に clearfix を指定して回り込みを解除

　後続の兄弟要素がないケースで、overflow:auto を指定する方法は、フロートボックスの高さを算出させるテクニックですが、同じように後続の兄弟要素がないケースで、回り込みを解除する方法として、clearfix というテクニックもあります。これは、簡単に言うと :after 擬似要素で作成したコンテンツに clear:both; を指定して回り込みを解除するテクニックです。

●リスト 8.7　clearfix ／ CSS (sample03b.html)

```
.clearfix:after {
  content: "";
  display: block;
  clear: both;
}
```

　親要素に clearfix を指定して回り込みを解除しますが、使いまわしが効くように class 化して使用するのが一般的です。

●リスト 8.8　後続の兄弟要素がない場合：clearfix 使用例／ HTML (sample03b.html)

```
<div id="wrapper" class="clearfix">
  <div id="boxA">A</div>
  <div id="boxB">B</div>
</div>
```

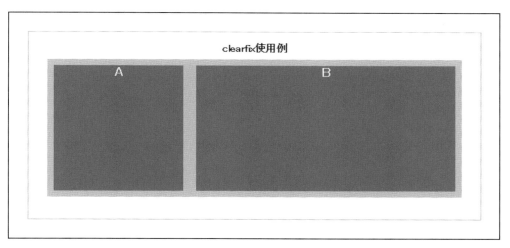

● 図 8.6　clearfix 使用例（sample03b.html）

　float 問題を解決する手っ取り早い方法は、overflow:auto を指定する方法ですが、clearfix をクラス化して指定する方法は、複数人で作業する際に、適用箇所が分かりやすく管理がしやすいというメリットがあります。

8.3　floatレイアウトサンプル：テキストの回り込み

　それでは、実際のページレイアウトのサンプルとして、図 8.7 のようなスタイリングをしてみましょう。

● 図8.7 float レイアウトサンプル（sample04.html）

　全体を div#wrapper で囲み、見出し、画像、テキストで構成されたよくあるページ構成です。最初の段落では画像を左に配置したいので、画像を囲んだ div 要素に、クラス名 img_left を指定、次の段落では画像を右に配置したいので img_right を指定しました。

● リスト 8.9　画像とテキストの配置例／ HTML（sample04.html）

```
<div id="wrapper">
<h1>floatサンプル</h1>
<h2>見出しテキスト</h2>
<div class="img_left"><img src="sample.jpg" alt="画像サンプル"></div>
<p>サンプルテキストです。〜中略〜</p>
<p>サンプルテキストです。〜中略〜</p>
<h2>見出しテキスト</h2>
<div class="img_right"><img src="sample.jpg" alt="画像サンプル"></div>
<p>サンプルテキストです。〜中略〜</p>
<p>サンプルテキストです。〜中略〜</p>
</div>
```

　画像を左に配置し、テキストを右に回り込ませるには float:left を指定、画像を右に配置し、テキストを左に回り込ませるには float:right を指定します。画像とテキストの余白は margin で指定します。また、見出しには clear:both を指定して回り込みを解除します。

●リスト 8.10　画像とテキストの配置例／CSS（sample04.html）

```
#wrap {
  width: 630px;
  margin: 0 auto;
}
.img_left {
  margin-right: 20px;
  margin-bottom: 20px;
  float: left;
}
.img_right {
  margin-left: 20px;
  margin-bottom: 20px;
  float: right;
}
h2 {
  font-size: 100%;
  background: #333;
  margin-bottom: 20px;
  color: #fff;
  padding: 10px;
  clear: both;
}
p {
  font-size: 90%;
  line-height: 1.5em;
}
```

　このとき、見出しの回り込みを解除していないと、図8.8のように回り込みが続きレイアウトが崩れるので注意しましょう。

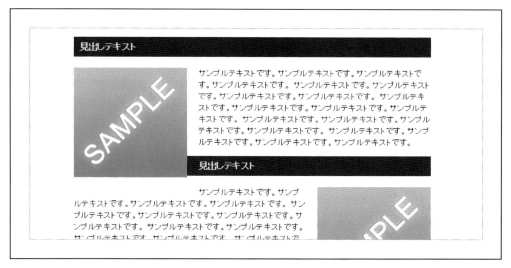

●図 8.8　回り込みを解除しなかった例

overflow:hidden; で画像の下にテキストが回り込まないようにする

ここで、図8.9のように、画像の下にテキストが回り込まないデザインにしたい場合には、テキスト（p要素）に overflow:hidden; を指定します。

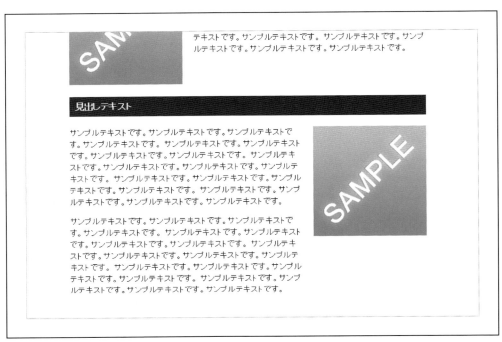

● 図8.9　overflow:hidden; で画像の下にテキストが回り込まないようにした例

●リスト8.11　画像とテキストの配置例その2／CSS（sample04a.html）

```
p {
  font-size: 90%;
  line-height: 1.5em;
  overflow:hidden;
}
```

8.4　floatレイアウトサンプル：横並びの配置

続いて、図8.10のような、サムネイル画像と簡易テキストのセットが横並びに配置されたスタイリングをしてみましょう。商品一覧、記事一覧などでよく使われるレイアウトです。

8.4 floatレイアウトサンプル：横並びの配置

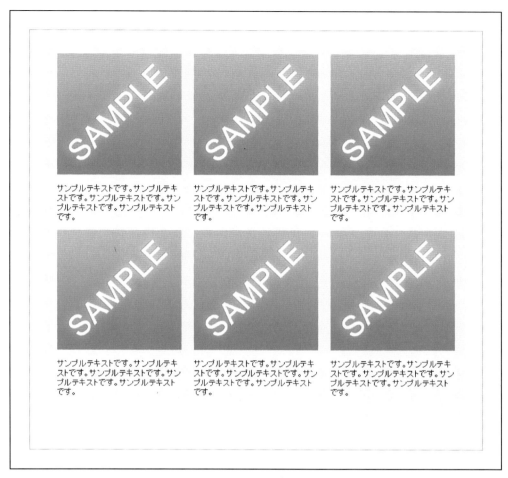

● 図8.10　floatレイアウトサンプル（sample05.html）

ul要素の子要素liの中に、画像とテキストのセットがあり、それを繰り返したマークアップになっています。

● リスト8.12　画像とテキストの配置例／HTML（sample04.html）

```
<ul>
  <li>
    <div><img src="sample.jpg" alt="画像サンプル"></div>
    <p>サンプルテキストです。サンプルテキストです。サンプルテキストです。サンプルテキストです。サンプルテキストです。</p>
  </li>
〜中略〜
  <li>
    <div><img src="sample.jpg" alt="画像サンプル"></div>
    <p>サンプルテキストです。サンプルテキストです。サンプルテキストです。サンプルテキストです。サンプルテキストです。</p>
  </li>
</ul>
```

第8章 float プロパティによるレイアウト

　図 8.11 のように、ul 要素の幅は 640px で上下左右のパディングは 20px、li 要素の幅はそれぞれ 200px となっています。li 要素の間の余白は、右マージン 20px で設定しますが、3 番目の li 要素のみ右マージンを 0 に指定します。

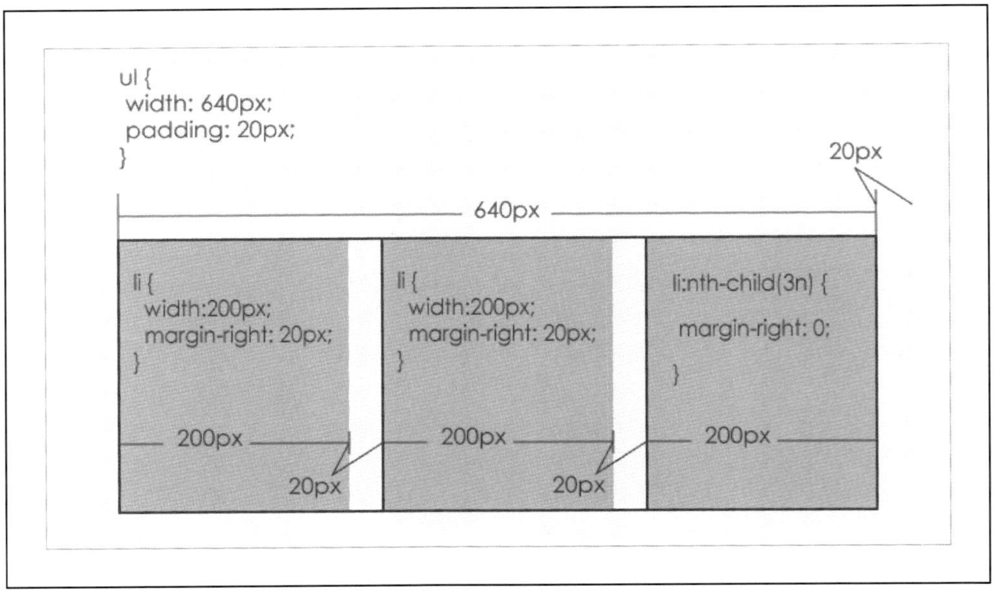

● 図 8.11　float レイアウトサンプル（sample05.html）

　3 番目の li 要素は li:nth-child(3n) というセレクタで指定できます。各 li 要素を float:left; で左フロートさせて横並びに配置しますが、このとき、後続の兄弟要素がいないので、親要素 ul に overflow:auto; を指定して高さを算出できるようにしましょう。

●リスト 8.13　リストのスタイル／ CSS（sample05.html）

```css
ul {
  width: 640px;
  margin: 0 auto;
  background-color: #ffc;
  padding: 20px;
  overflow: auto;
}
li {
  margin: 0;
  padding: 0;
  list-style-type: none;
  width: 200px;
  margin-right: 20px;
  float: left;
}
li:nth-child(3n){
  margin-right: 0;
}
～略～
```

overflow:auto; を指定しない場合は、図8.12のように親ボックスの高さが算出されず、背景色（淡い黄色 #ffc）の高さが足りなくなります。

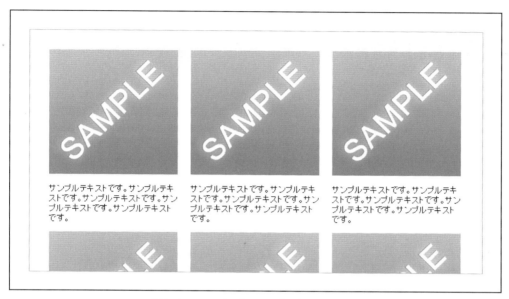

● 図8.12 float レイアウトサンプル (sample05.html)

8.5 まとめ

　本章ではfloat レイアウトでハマりやすいポイントを中心に紹介しました。float レイアウトのテクニックを使えば、コンテンツをある程度自由に配置できます。次章では文章の段組みを実現するcss3のcolumnsプロパティを紹介します。

第**9**章

テキスト（マルチカラム）

最終章となる本章では、CSS3 で追加されたマルチカラム
の機能を利用して、段組みレイアウトを簡単に実装する
方法を紹介します。

第9章　テキスト（マルチカラ

9.1　はじめに

前章では、floatプロパティを使った段組みレイアウトを紹介しました。これは複数のボックスをfloatプロパティで横並びに配置し、段組みレイアウトを実現するものでした。本章で紹介する方法は、CSS3のマルチカラムレイアウト（Multi-column Layout）機能を利用して、1つのボックス内に複数の段組みを生成するものです。floatレイアウトのように、段を区切るためのマークアップを追加したり、段の高さを意識したりする必要がなく、簡単に段組みレイアウトを実現できます。特にコンテンツの内容がどのくらいの分量になるのか分からない場合など、長い文章を段に流し込みたいときに大変便利です。

9.2　マルチカラムによる段組みレイアウト

CSS3で追加されたマルチカラムレイアウトの機能を利用すると、ボックス内のコンテンツを簡単に段組みで表示することができます。段組みをどのように表示するかは、段の数、段の幅などで指定します。

「column-count」で段数を指定する

次のサンプルは、見出しと文章で構成されたコンテンツをdivで囲んでマークアップしたものです。

●リスト9.1　サンプル1（テキストは青空文庫「星の銀貨」より）／ HTML (sample01.html)

```
<div id="article">
<h1>星の銀貨</h1>
<p>むかし、むかし、小さい女の子がありました。この子には、おとうさんもおかあさんもありませんでした。たいへんびんぼうでしたから、しまいには、もう住むにもへやはないし、もうねるにも寝床がないようになって、とうとうおしまいには、からだにつけたもののほかは、手にもったパンひとかけきりで、それもなさけぶかい人がめぐんでくれたものでした。</p>
〜中略〜
</div>
```

まだマルチカラムレイアウトを利用していない状態なので1段組みのレイアウトです。ここに、薄い黄色（#ffc）の背景色を指定し、周りに20pxのパディングと1.5倍の行間を指定しました。

●リスト9.2　背景色、余白、行間の指定／ CSS (sample01.html)

```
div#article {
  background-color: #ffc;
  padding: 20px;
  line-height: 1.5em;
}
```

9.2 マルチカラムによる段組みレイアウト

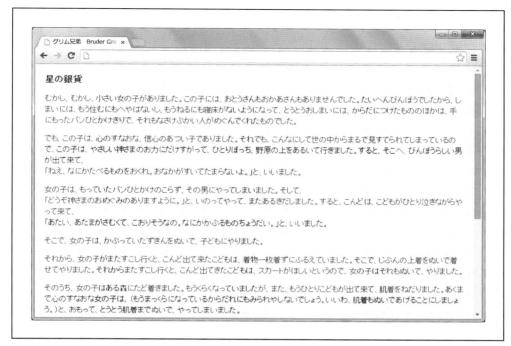

● 図9.1 マルチカラムレイアウトの指定をしていない状態の表示

　読みやすくなるよう行間をあけてはいますが、1段組みでこの行の長さだと、やはり読みにくくなります。このような長文テキストを流し込む場合は、幅を半分にし、2段組みにすることで可読性が上がります。

　段組みの数は、column-countプロパティを使って指定します。ここでは「column-count:2;」を指定して、コンテンツを2段組みにしました。

　なお、マルチカラム関連のプロパティは、現時点ではベンダープレフィックスを付けて指定する必要があります。次のように、Firefox向けに「-moz-」、Google ChromeやSafari向けに「-webkit-」を付けて指定しましょう。

● リスト9.3　column-countで段数を指定／CSS（sample01.html）

```css
div#article {
  ～略～
  -moz-column-count: 2; /* Firefox向け */
  -webkit-column-count: 2; /* Chrome, Safari向け */
  column-count: 2;
}
```

　たったこれだけの指定で2段組みレイアウトを実現できます。

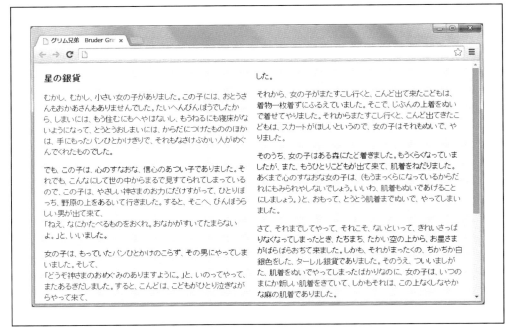

● 図9.2　column-count:2; を指定したときの表示。2段組みレイアウトになる

　このとき、コンテンツは各段が同じくらいの高さになるよう自動的に分割されます。floatレイアウトでは、各段組みの背景色の高さを揃えるのに一工夫必要でしたが、マルチカラム機能を利用したレイアウトでは背景の高さを意識する必要はありません。

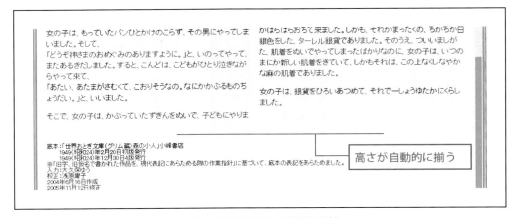

● 図9.3　背景色の高さが自動的に揃う

　column-countで指定した場合、描画領域の幅が変わっても常に段の数は同じです。リキッドレイアウトにも簡単に取り入れることができて便利です。

9.2 マルチカラムによる段組みレイアウト

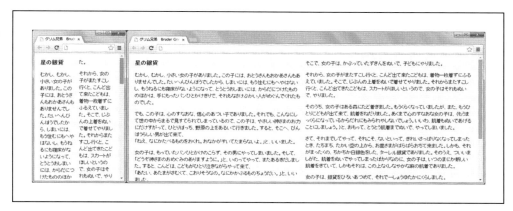

● 図9.4 左：ウィンドウ幅を狭めたとき。右：ウィンドウ幅を広げたとき。幅が変化しても常に同じ段数

「column-width」で段の幅を指定する

段組みレイアウトは、column-widthプロパティで段組みの幅の最小値を指定して実装することもできます。次の例では「column-width: 200px;」として、段組みの幅の最小値を200pxに指定しています。

● リスト9.4 1段組みの幅の最小値を200pxに指定／CSS（sample02.html）

```
div#article {
  ～略～
  -moz-column-width: 200px;
  -webkit-column-width: 200px;
  column-width: 200px;
}
```

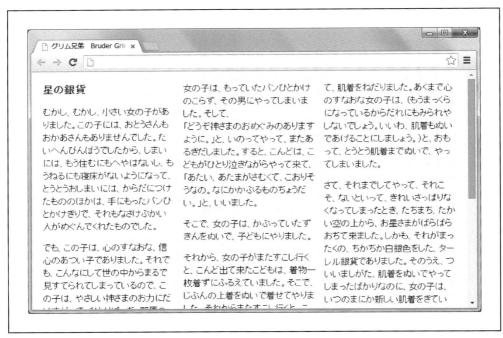

● 図9.5　column-width:200px; を指定したときの表示

　前項のcolumn-countの値を設定しなかった場合、ブラウザによって、できるだけ多くの段が納まるように自動調整されます。

● 図9.6　描画領域の幅に応じて段数も変化する

「columns」で段数と段の幅の両方を指定する

columnsプロパティを使うと、段の数と段の横幅の両方の値を指定することができます。

「columns: 2 200px;」のように2つの値を指定すると、column-count: 2、column-width: 200px;を指定したのと同じに結果になります。この場合、「最大で2段組みかつ1段の幅の最小値は200px」という意味です。

● リスト9.5　段数を最大3つ、段の幅を最小200pxに指定／CSS（sample03.html）

```
div#article {
  ～略～
  -moz-columns: 2 200px;
  -webkit-columns: 2 200px;
  columns: 2 200px;
}
```

ウィンドウ幅を広げても2段より多くなることはなく、ウィンドウ幅を狭めても1段の幅が200pxより小さくなることはありません。

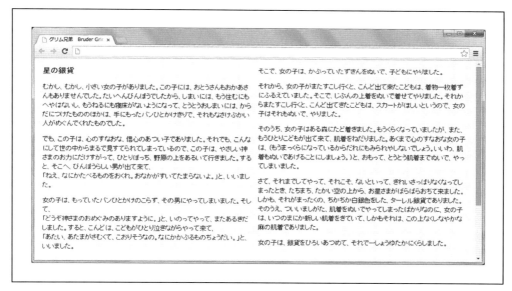

● 図9.7　ウィンドウ幅を広げても2段より多くならない

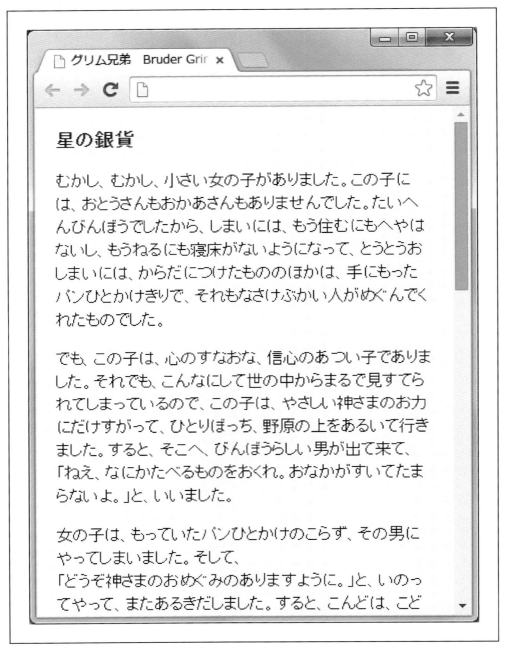

● 図9.8　ウィンドウ幅を狭めても1段の幅が200pxより小さくならない

　ここまでで、コンテンツをマルチカラムにすることができました。さらに、段組みの間隔や区切り線など、マルチカラムをより豊かに表現できるCSSプロパティを見ていきましょう。

9.3 マルチカラムの間隔と区切り線

　マルチカラム機能を利用して段組みレイアウトをした場合、段と段の間隔は column-gap プロパティで指定、区切り線は column-rule プロパティで指定します。

「column-gap」で段組みの間隔を指定する

　段と段の間隔は、column-gap プロパティで指定します。初期値は normal で、normal 時の段と段の間隔は 1 文字分（1em）になります。次の例では、column-gap: 40px; を指定して、段組みの間隔を 40px で表示しました。

●リスト 9.6　段と段の間隔を 40px の幅に指定／ CSS（sample04.html）

```
div#article {
  〜略〜
  -moz-column-gap: 40px;
  -webkit-column-gap: 40px;
  column-gap: 40px;
}
```

115

第9章　テキスト（マルチカラ

● 図9.9　上：column-gap を指定していないとき。下：column-gap:40px; のとき

「column-rule」で段の区切り線を指定する

　column-rule プロパティを使うと、段と段の間の区切り線を指定できます。指定できる値は、線の太さ、スタイル、色で、「column-rule: 2px solid #f93;」のように、半角スペースで区切って指定します。これらは、column-rule-width、column-rule-style、column-rule-color プロパティで個別に指定することもできます。サンプルでは、column-rule: 2px solid #f93; を指定しました。これで、2px のオレンジ（#f93）の実線を区切り線として表示できます。

9.3 マルチカラムの間隔と区切り線

● 表9.1 段の区切り線のプロパティと値

プロパティ	値
column-rule	区切り線の太さ スタイル 色
column-rule-width	区切り線の太さ
column-rule-style	区切り線のスタイル
column-rule-color	区切り線の色

● リスト9.7　2pxのオレンジ（#f93）の実線を区切り線として指定／CSS（sample05.html）

```
div#article {
  ～略～
  column-gap: 40px;
  -moz-column-rule: 2px solid #f93;
  -webkit-column-rule: 2px solid #f93;
  column-rule: 2px solid #f93;
}
```

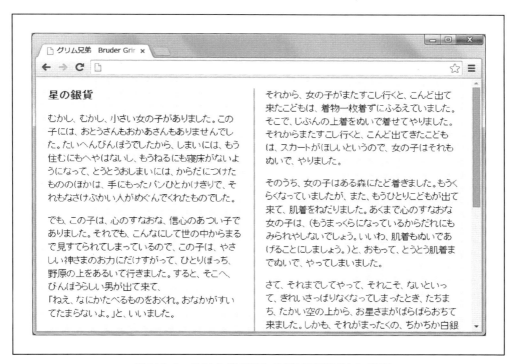

● 図9.10　2pxのオレンジ（#f93）の実線を区切り線として表示

「column-span」で段にまたがる表示を指定する

　マルチカラムの機能で表示した段組みでは、通常、見出しのようなコンテンツも段をまたいで表示されることはありません。図9.11のオレンジの帯「星の金貨」は見出しですが、段組み内に収まっているのが分かります。次に説明するcolumn-spanプロパティを指定していない場合や、値を「1」とした場合は、このようにコンテンツが段をまたいで表示されることはありません。

第9章 テキスト（マルチカラ

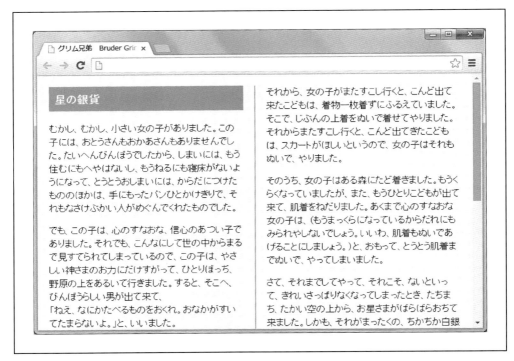

● 図9.11　見出しも段で区切られて表示される

　column-spanの値に「all」を指定すると、コンテンツは、すべての段にまたがって表示されます。ただし、このプロパティは、Firefoxではサポートされていません。また、このプロパティに指定できる値は1（1段）か、all（すべての段）のみとなっています。次のサンプルでは、見出しにcolumn-span: all;を指定しました。

● リスト9.8　見出しを複数の段にまたがって表示させる／CSS（sample06.html）

```
h1 {
  column-span: all;
  -webkit-column-span: all;
}
```

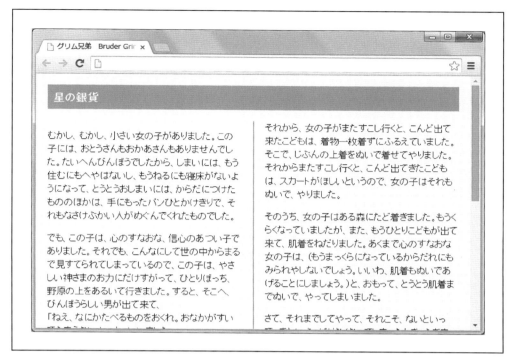

● 図9.12 見出しを複数の段にまたがって表示

9.4　マルチカラムレイアウトサンプル

　では、これまで見てきたマルチカラム機能を使ったデザインサンプルを作ってみましょう。完成形は図9.13のようになります。

● 図9.13 サンプル（sample07.html）上：上部、下：下部

見出しを別ボックスでマークアップ

　サンプルのマークアップは次のようになります。headerというID名のdivボックスを作り、見出しを含めました。続いてarticleというID名のdivボックスに本文を入れます。

●リスト9.9　マルチカラムレイアウトサンプル（テキストは青空文庫「はだかの王さま」より）／HTML（sample07.html）

```
<div id="header">
<h1>はだかの王さま</h1>
<h2>ハンス・クリスチャン・アンデルセン（大久保ゆう訳）</h2>
</div>
<div id="article">
<p>むかしむかし、とある国のある城に王さまが住んでいました。王さまはぴっかぴかの新しい服が大好きで、
服を買うことばかりにお金を使っていました。王さまののぞむことといったら、いつもきれいな服を着て、みん
なにいいなぁと言われることでした。戦い
～略～
```

9.4 マルチカラムレイアウトサンプル

　見出しと本文を別のボックスにすることで、Firefox でも段をまたいで見出しを表示できます。ここでは、ヘッダとフッタには、グレー（#ccc）の背景色を指定しました。

●リスト 9.10　見出しを #header に含め、段をまたいで表示させる／ CSS（sample07.html）

```
div#header, div#footer {
  min-width: 900px;
  margin: 0 auto;
  padding: 20px;
  background-color: #ccc;
}
```

　また、本文の表示領域は「min-width: 900px;」とし、領域の最小幅を 900px で指定しました。これによりウィンドウサイズを 900px より狭めると横スクロールバーが表示され、900px 以上はいくらでも広がる仕様になっています。これは後で指定する挿絵の表示領域を確保したいためです。

●リスト 9.11　見出しを #header に含め、段をまたいで表示させる／ CSS（sample07.html）

```
div#article {
  padding: 20px;
  min-width: 900px; /* 最小幅は900px */
}
```

　本文は、「columns: 2 400px;」を指定して最大で 2 段組み、段の最小幅 400px で指定しました。「column-gap: 40px;」で、段と段の間の幅は 40px に指定、「column-rule: 1px dotted #ccc;」で段の区切り線を 1px のグレーの点線で指定しました。

●リスト 9.12　マルチカラムの指定／ CSS（sample07.html）

```
div#article {
  padding: 20px;
  min-width: 900px; /* 最小領域は900px */
  margin: 0 auto;
  -moz-columns: 2 400px; /* Firefox向け */
  -webkit-columns: 2 400px; /* Chrome, Safari向け */
  columns: 2 400px;
  -moz-column-gap: 40px;
  -webkit-column-gap: 40px;
  column-gap: 40px;
  -moz-column-rule: 1px dotted #ccc;
  -webkit-column-rule: 1px dotted #ccc;
  column-rule: 1px dotted #ccc;
  line-height: 1.5em;
}
```

　ここまでで図 9.14 のようになります。

121

第9章　テキスト（マルチカラ

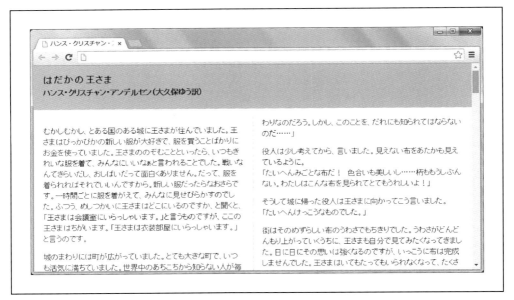

● 図9.14　サンプル（sample07.html）

　このサンプルのコンテンツには、挿絵が含まれます。挿絵は次のように、figというクラス名の divで囲みます。

● リスト9.13　挿絵のマークアップ／HTML（sample07.html）

```
<div class="fig"><img src="fig46319_02.png" width="655" height="467"
alt="挿絵2" /></div>
```

　このとき、画像の幅は655pxあるので、ウィンドウ幅を広げて、1段の幅は655px以上あるときは、挿絵の画像は問題なく表示されます。

9.4　マルチカラムレイアウトサンプル

● 図 9.15　1 段の幅が 655px 以上あるときは画像も問題なく表示される（sample07.html）

　しかし、ウィンドウ幅を縮めて、段の幅が 654px 以下になってしまったときは、画像が途中までしか表示されません。

●図9.16　1段の幅が654以下のときは画像がすべて表示されない（sample07.html）

　1段の最小領域は400pxなので、挿絵画像に対し、「max-width: 400px;」を指定して、画像の最大幅を400pxで表示するようにしましょう。このとき、「height: auto;」を指定しておくことで、画像の横の表示サイズが変わっても縦横比を保持したまま画像を表示できます。

●リスト9.14　挿絵の幅を最大400pxに指定／CSS（sample07.html）

```
div.fig img {
  max-width: 400px;
  height: auto;
}
```

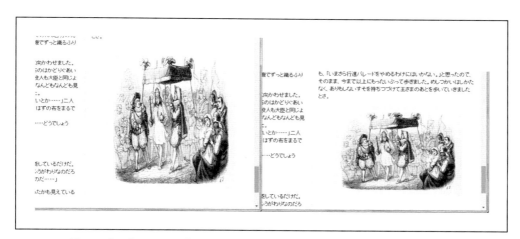

● 図9.17 左：「height: auto;」の指定がないとき。右：「height:auto;」指定時（sample07.html）

9.5 まとめ

　最後の章では、CSS3のマルチカラム機能を使ったスタイリングを紹介しました。コンテンツの分量が長くなっても均等に分割され、高さを意識することがないので、これまでのfloatによる段組みレイアウトと比べ、とても簡単に実装できます。段を増やしたり、減らしたりするのもcolumn-countプロパティの値を変えるだけなので、とても便利です。ただしあまりに段数を増やし過ぎると、逆に読みにくくなってしまうので注意しましょう。

9.6 参考資料

- CSS Multi-column Layout Module：https://drafts.csswg.org/css-multicol/

著者プロフィール

WINGSプロジェクト 宮本麻矢（ミヤモト マヤ）

　WINGSプロジェクト所属のフリーライター。専門学校在学中、Webデザインコンペで入賞したことをきっかけに、Webデザインの世界へ。卒業後、文具メーカーにてWeb開発を担当、2013年退職。現在はWebサイトの構築やコンサルティング業務を行うかたわら、執筆活動をしているほか、職業訓練校やスクールにてWebやDTPに関するトレーニングを行っている。

WINGSプロジェクトについて

　有限会社WINGSプロジェクト（http://www.wings.msn.to/index.php/-/B-13/）が運営する、テクニカル執筆コミュニティ（代表 山田祥寛）。主にWeb開発分野の書籍／記事執筆、翻訳、講演等を幅広く手がける。2012年2月時点での登録メンバは37名で、現在も執筆メンバを募集中。興味のある方は、どしどし応募頂きたい。著書、記事多数（ http://www.wings.msn.to/index.php/-/A-08/ 、 http://www.wings.msn.to/index.php/-/A-02/ ）。

- RSS（http://www.wings.msn.to/contents/rss.php）
- Twitter: @yyamada（公式）、@yyamada/wings（メンバーリスト）
- Facebook（http://facebook.com/WINGSProject）
- Blog（http://www.wings.msn.to/redirect.php/-/C-02/）

山田 祥寛（ヤマダ ヨシヒロ）

　静岡県榛原町生まれ。一橋大学経済学部卒業後、NECにてシステム企画業務に携わるが、2003年4月に念願かなってフリーライターに転身。Microsoft MVP（Visual Studio and Development Technologies）。執筆コミュニティ「WINGSプロジェクト」の代表でもある。主な著書に「独習シリーズ（サーバサイドJava・PHP・ASP.NET）」（翔泳社）、「JavaScript本格入門」「Ruby on Rails 4アプリケーションプログラミング」「JavaScript本格入門」（以上、技術評論社）「ASP.NET MVC 5実践プログラミング」（以上、秀和システム）、「書き込み式SQLのドリル」（日経BP社）など。最近では、IT関連技術の取材、講演までを広く手がける毎日である。最近の活動内容は、著者サイト（http://www.wings.msn.to/）にて。

デザインサンプルで学ぶ CSS による実践スタイリング入門

2017年3月15日　　　初版第1刷発行（オンデマンド印刷版Ver1.0）

著　者	WINGSプロジェクト 宮本 麻矢（みやもと まや）
監　修	山田 祥寛（やまだ よしひろ）
発行人	佐々木 幹夫
発行所	株式会社 翔泳社（http://www.shoeisha.co.jp/）
印刷・製本	大日本印刷株式会社

©2017 WINGS Project

- 本書は著作権法上の保護を受けています。本書の一部または全部について(ソフトウェアおよびプログラムを含む)、株式会社翔泳社から文書による許諾を得ずに、いかなる方法においても無断で複写、複製することは禁じられています。
- 本書へのお問い合わせについては、2ページに記載の内容をお読みください。
- 落丁・乱丁本はお取り替えいたします。03-5362-3705までご連絡ください。

ISBN 978-4-7981-5083-3　　　　　　　　　　　　　　　　　Printed in Japan

制作協力 株式会社トップスタジオ（http://www.topstudio.co.jp/）　+Vivliostyle Formatter